塔中地区古生代构造样式、构造演化与控油作用

何光玉 著

ZHEJIANG UNIVERSITY PRESS
浙江大学出版社

图书在版编目(CIP)数据

塔中地区古生代构造样式、构造演化与控油作用/
何光玉著. —杭州：浙江大学出版社，2021.10
ISBN 978-7-308-21026-3

I. ①塔… II. ①何… III. ①塔里木盆地－石油地
质学－研究 IV. ①P618.130.2

中国版本图书馆CIP数据核字(2021)第001977号

塔中地区古生代构造样式、构造演化与控油作用
何光玉 著

责任编辑 伍秀芳（wxfwt@zju.edu.cn）
责任校对 林汉枫
封面设计 周 灵
出版发行 浙江大学出版社
          （杭州市天目山路 148 号 邮政编码 310007）
          （网址：http://www.zjupress.com）
排　　版 杭州荻雪文化创意有限公司
印　　刷 杭州佳园彩色印刷有限公司
开　　本 710mm×1000mm 1/16
印　　张 9.25
字　　数 181 千
版 印 次 2021 年 10 月第 1 版 2021 年 10 月第 1 次印刷
书　　号 ISBN 978-7-308-21026-3
定　　价 89.00 元

前 言

众所周知，特提斯构造域因其油气资源异常丰富，而成了全球油气资源勘探的重点和研究的热点。位于古特提斯构造域东段的塔里木盆地，油气资源异常丰富，不仅在其古生代海相地层中先后发现了塔中和塔河大油田，而且还在其新生界陆相地层中发现了克拉2、依南和迪那等大气田，因此是我国油气勘探的主战场和"西气东输"战略的主力气源区。

经过多年的油气勘探和研究，对塔里木盆地的构造格架、地层充填和油气成藏等方面的认识逐渐趋于明朗，但对于该盆地的构造演化，特别是古生代构造演化的研究仍很薄弱。这不仅影响到塔里木盆地的油气勘探进程，而且还影响到人们对特提斯构造域的认识。

本书的研究对象是位于塔里木盆地中部的塔中隆起(也叫卡塔克隆起)及其南北两侧的斜坡带（塔中北坡与塔中南坡），走向北西。其中，除塔中I号断裂带外，大多地区是目前油气勘探和地质研究相对薄弱的地区。

本书涉及的地震层位主要有：古近系底面(T_3^1)、下白垩统底面(T_4^0)、三叠系底面(T_5^0)、二叠系底面(T_5^4)、上泥盆统底面(T_6^0)、志留系底面(T_7^0)、上奥陶统底面(T_7^4)、上寒武统丘里塔格下亚群底面(T_8^1)，以及下寒武统底面(T_9^0)与上震旦统底面（T_{10}^0)等。

本书系统提出了塔中地区的构造样式和剖面结构，阐明了塔中地区的构造演化特征和断层形成机理，以及构造变形的控储控藏作用，为后续盆地原型、油气运移网络与运移方向、油气成藏等的研究奠定了基础，以供盆地构造和油气地质研究者借鉴。

本书是国家"十三五"重大科技专项下属任务"塔中北坡断层–裂缝体系特征及控储作用研究"(项目号：2017ZX-005-002-002)的研究成果。这些成果的取得，得到了中国石化勘探开发研究院和西北油田分公司的大力支持，在此一并表示衷心感谢！

目 录

1 区域地质概况与油气勘探现状 ……………………………………… 1

　1.1 区域构造特征 …………………………………………………… 1

　　1.1.1 大地构造位置 ………………………………………………… 1

　　1.1.2 区域构造演化特征 …………………………………………… 2

　1.2 区域地层沉积特征 ……………………………………………… 4

　　1.2.1 基底特征 ……………………………………………………… 4

　　1.2.2 地层沉积特征 ………………………………………………… 4

　1.3 油气勘探现状 …………………………………………………… 7

　　1.3.1 塔中南坡 ……………………………………………………… 7

　　1.3.2 塔中北坡 ……………………………………………………… 7

2 塔中南坡构造变形模式、剖面结构及构造演化 ……………… 9

　2.1 构造变形模式 …………………………………………………… 9

　　2.1.1 加里东期中、晚期的滑脱-拆离变形模式 ………………… 9

　　2.1.2 海西期的压扭构造变形模式 ……………………………… 14

　　2.1.3 构造转换特征 ……………………………………………… 17

　2.2 平面和剖面地质结构 ………………………………………… 18

　　2.2.1 平面结构 …………………………………………………… 18

　　2.2.2 剖面结构 …………………………………………………… 24

　2.3 构造演化特征 ………………………………………………… 26

　　2.3.1 早古生代 …………………………………………………… 26

　　2.3.2 晚古生代 …………………………………………………… 32

3　塔中南坡构造控油作用 ································· **35**

　3.1　油气成藏的构造–古地理背景分析 ················· 35

　　3.1.1　早古生代 ······························ 35

　　3.1.2　晚古生代 ······························ 40

　3.2　古岩溶储层、地层和岩性圈闭分析 ················· 46

　　3.2.1　碳酸盐岩岩溶储层 ······················ 46

　　3.2.2　碎屑岩地层、构造–地层与构造–岩性圈闭 ·········· 52

4　塔中北坡断裂类型、断裂分布与主要断裂带特征 ········· **57**

　4.1　主要断裂类型 ······························ 57

　　4.1.1　正断层 ······························· 57

　　4.1.2　逆断层 ······························· 59

　　4.1.3　压扭断层 ······························ 59

　　4.1.4　张扭断层 ······························ 60

　　4.1.5　反转与负反转断层 ······················ 62

　4.2　不同构造层断层分布特征 ······················ 64

　　4.2.1　下古生界 ······························ 64

　　4.2.2　上古生界 ······························ 71

　4.3　主要断裂带特征 ···························· 74

　　4.3.1　北东向断裂带 ·························· 74

　　4.3.2　北西向断裂带 ·························· 79

　　4.3.3　北北西向断裂带 ························ 81

　　4.3.4　北东东向断裂带 ························ 84

5　塔中北坡构造演化及断层形成机制 ················· **89**

　5.1　演化剖面制作及分析 ························· 89

　　5.1.1　剖面选取 ····························· 89

　　5.1.2　剖面制作 ····························· 90

　　5.1.3　剖面分析 ····························· 90

　5.2　断层形成机理 ····························· 100

　　5.2.1　早古生代 ···························· 102

　　5.2.2　晚古生代 ···························· 110

6　塔中北坡构造控油作用 ··· **113**

　6.1　断层对奥陶系碳酸盐岩储层发育的控制作用 ························· 113

　　6.1.1　钻井资料分析 ·· 113

　　6.1.2　加里东中期断层活动对奥陶系储层发育的影响 ·············· 114

　　6.1.3　加里东晚期-海西早期断层活动对奥陶系储

　　　　　层发育的影响 ·· 119

　　6.1.4　海西晚期断层活动对奥陶系储层发育的影响 ················· 121

　6.2　断层对志留系裂缝性储层和圈闭发育的控制作用 ·················· 122

　　6.2.1　钻井资料分析 ·· 122

　　6.2.2　北西向与北东向断层控制志留系裂缝性储层的发育 ········· 123

　　6.2.3　北东向断层控制志留系断层、断层-岩性和断层-地层圈闭

　　　　　的形成 ··· 123

　6.3　断层对油气运移和成藏的控制作用 ······························· 126

　　6.3.1　钻井资料分析 ·· 127

　　6.3.2　塔中北坡多期、多组、多种性质断层 ······················ 127

　　6.3.3　张扭和压扭断层 ·· 129

　　6.3.4　断层网络和隆凹格局 ·· 130

　　6.3.5　东段印支期与海西早期断裂的活动 ························· 130

　6.4　与塔中南坡对比分析 ··· 131

　　6.4.1　断层控储控藏的共同点 ······································· 132

　　6.4.2　断层控储控藏的不同点 ······································· 132

参考文献 ··· **135**

1

区域地质概况与油气勘探现状

1.1 区域构造特征

1.1.1 大地构造位置

从大地构造位置来看，塔里木板块处于几个板块的交汇处，北邻哈萨克斯坦板块和西伯利亚板块，南接羌塘板块和柴达木板块(图 1-1)，是世界上构造特别活跃和地貌特别壮观的地带。

塔里木板块除四周发育柯坪断隆、铁克里克断隆、库鲁克塔格断隆和阿尔金断隆外，其内部自北向南主要由库车坳陷、沙雅隆起(塔北隆起)、孔雀河斜坡、满加尔坳陷、阿瓦提断陷、巴楚隆起、卡塔克隆起与古城墟隆起、塘古孜巴斯凹陷、麦盖提斜坡、喀什凹陷、莎车凸起、叶城凹陷、北民丰-罗布庄断隆和于田-若羌坳陷等构造单元组成(图 1-2)。

上述构造单元中，卡塔克隆起也叫塔中隆起，走向北西-南东，为一向北西方向撒开、向南东方向收敛的扫帚状隆起。它主要由三部分组成：中央断隆带、塔中南坡与塔中北坡。其中，塔中南坡为位于中央断隆带与塘古孜巴斯凹陷之间的斜坡，而塔中北坡则为位于卡塔克隆起、阿瓦提断陷、沙雅隆起与满加尔坳陷之间的斜坡。

剖面上，塔中地区具有"双层结构"特征，以 T_6^0 反射界面(上泥盆统-石炭系底面)为界，上、下构造面貌完全不同：下构造层断裂发育，平面上呈右行雁列展布，显示扭动变形特征；上构造层断裂不发育，主要表现为一差异压实作用形成的披覆构造。

图 1-1   研究区大地构造位置图(据张光亚等，1998)
1. 板块边界；2. 早古生代俯冲–缝合带；3. 晚古生代俯冲–缝合带；4. 中新生代
俯冲–缝合带；5. 逆冲断层；6. 走滑断层；7. 前震旦系出露区

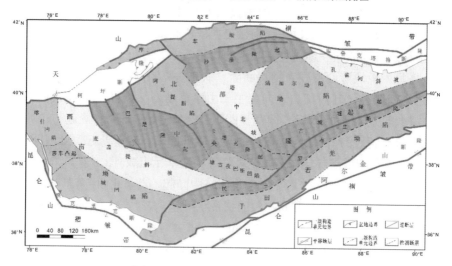

图 1-2   塔里木盆地构造单元划分图

1.1.2 区域构造演化特征

塔里木盆地是一个多旋回的陆壳克拉通盆地，其演化先后受古亚洲洋及古特提斯洋两大构造域的影响，形成了古生代与中–新生代两个世代叠加复合的沉积盆地。

位于塔里木盆地中部的塔中地区主要经历过寒武纪至中奥陶世稳定克拉通、晚奥陶世深盆、志留纪斜坡、石炭纪–三叠纪坳陷、早白垩世坳陷、新生代隆后坳陷等演化阶段。

寒武纪至中奥陶世，塔中地区处于稳定克拉通演化阶段，接受了巨厚的海相碳酸盐岩沉积(张师本等，2003)。中奥陶世末，塔里木盆地西侧昆仑洋俯冲与消减，加里东中期运动发生(Windley et al.，1990)，塔中地区抬升，塔中隆起开始形成(李慧莉等，2014)，塔中南坡与塔中北坡则整体强烈沉降，处于深海环境，沉积了巨大厚度的深海浊流沉积。

进入志留纪，南侧东昆仑洋俯冲与消减，加里东晚期运动发生(何治亮等，2001，2005)，塔中地区东南部抬升，大面积缺失志留系(胡少华，2007)。同时，西北部沉降，沉积了向北增厚的碎屑岩地层。早–中泥盆世，塔中地区再次抬升，地层遭受强烈剥蚀(Mattern and Schneider，2000；汤良杰，1994)。至晚泥盆世，构造运动达到高峰(李向东等，2004)。

进入石炭纪，塔中地区沉降作用逐渐增强，自下而上沉积了较大厚度的石炭系、二叠系和三叠系(Wang，2004)。其间，于早–中二叠世，塔中地区由于处于强烈的构造伸展状态，造成了大面积的玄武岩溢流(张洪安等，2009；张巍等，2014)。同时，中二叠世末–晚二叠世，南天山洋自东向西呈剪刀式闭合，海西晚期运动发生(Chen et al.，1999)。这次事件造成了塔中地区二叠系和三叠系之间轻微的角度不整合接触。

晚三叠世末，受印支运动的影响，塔中地区抬升，遭受剥蚀，并一直持续至侏罗纪，造成塔中地区缺失侏罗纪的沉积。早白垩世，塔中地区再次进入强烈沉降状态，沉积了较大厚度的下白垩统地层。晚白垩世，全区发生构造抬升，再次缺失沉积。

古近纪时期，塔中地区处于弱伸展状态，沉积了较薄的古新统。新近纪以来，印–藏碰撞引发的"远距离效应"使南天山复活并向南发生大规模的逆冲(Molnar and Tapponnier，1975；郭令智等，1992；Hendrix et al.，1994；Sobel and Dumitru，1997；Yin et al.，1998)，塔里木北缘发育前陆盆地，中部发育隆后坳陷，盆地腹地沉积了较厚的晚新生代地层。

1.2　区域地层沉积特征

1.2.1　基底特征

塔里木盆地具有统一的前震旦系古老陆壳基底，最老地层为太古宇。基底固结于中-新元古代末。具有三层结构：下层为中-深变质基底，由具有磁性和较高密度的太古宙角闪岩相-麻粒岩相变质岩组成，埋深 10~20 km；中层为中-浅变质基底，由古元古代-新元古代低角闪岩相-绿片岩相变质岩组成，厚达 6 km；上层由前震旦纪末变质-低绿片岩相变质的台地沉积物组成。

1.2.2　地层沉积特征

塔中地区自下而上依次沉积有震旦系、寒武系、奥陶系、下-中志留统、上泥盆统-石炭系、二叠系、三叠系、下白垩统、第三系和第四系(表 1-1)。

(1) 震旦系

塔中隆起下震旦统分布局限，仅分布于隆起北翼地区，可能主要为一套海相的碎屑岩、碳酸盐岩和火山碎屑岩建造；上震旦统沉积广泛，是塔中地区第一套统一盖层，主要为台地相的碳酸盐岩沉积，厚约 500~800 m，以不整合接触覆盖于基底变质岩系之上。

(2) 寒武-奥陶系

早寒武世发生了全盆地范围的海侵，寒武系-下奥陶统为一套开阔台地相沉积，岩性为灰、浅褐、褐灰色的中-细晶白云岩夹藻白云岩、粉晶泥晶灰岩以及钙质泥岩；寒武系和下奥陶统厚度分别为 1600~2000 m 和 900~1800 m；中-上奥陶统除塔中I号断裂下盘局部为槽盆相的碎屑岩韵律性沉积外，主要为开阔台地相沉积，岩性为石灰岩、钙质砂岩以及泥岩，厚 0~2300 m。中-上奥陶统在隆起高部位全部缺失，下奥陶统部分缺失，奥陶系与志留系为不整合接触。

(3) 志留-泥盆系

志留-泥盆系主要为一套滨浅海相的陆源碎屑岩，厚 600~800 m。志留系岩性为灰、灰绿、紫红色泥质粉砂岩、泥岩及页岩，灰绿、紫红色粉砂岩、杂砂岩；泥盆系岩性为褐红、紫红、灰白色细砂岩。志留系在隆起轴

表 1-1 塔里木盆地地层格架、构造旋回及地震波组综合划分表

年代地层			岩石地层			层序格架		构造旋回	构造运动		构造层	
界	系	统	群	组	段	地震	一级	二级			一级	二级

部全部缺失，泥盆系在隆起东部部分缺失，志留–泥盆系与上覆石炭系为不整合接触。

(4) 石炭–二叠系

石炭系主要为一套滨海–潮坪–三角洲相沉积，下部为灰、灰白色砂岩、粉细砂岩，中部为灰、褐灰色泥岩、砂岩夹浅灰–褐灰色藻纹层、藻凝块白云岩与生屑灰岩、砂砾屑灰岩、鲕状灰岩、泥晶灰岩，上部为浅灰色亮晶、泥晶生屑灰岩夹泥岩、泥质粉砂岩，厚400~1200 m，石炭系与上覆二叠系为假整合–整合接触关系。

下二叠统主要为一套大陆裂谷背景的河流相碎屑岩沉积和中酸性、基性火山岩，下部为灰、棕褐色泥岩、粉砂质泥岩、灰质泥岩和粉细砂岩、含砾不等粒砂岩。上部为深灰、灰黑色玄武岩、安山岩、凝灰岩为主，夹薄层–中厚层状棕褐、灰色粉砂质泥岩、泥岩、粉砂岩，厚200~800 m；中二叠统主要为大面积分布的玄武岩层；上二叠统主要为滨湖相沉积，岩性为棕褐、褐、灰紫色泥岩、粉砂质泥岩与灰–褐灰色粉砂岩、中细砂岩、含砾不等粒砂岩，厚200~800 m。上、中、下二叠统间为低角度不整合接触关系。

(5) 三叠系

三叠系广泛分布于塔中地区，地层总体由西北向东南方向减薄，主要为冲积平原相和河流–三角洲相沉积，岩性为灰黄、棕黄、紫色、灰色含砾砂岩、砂岩、粉砂岩与棕红、紫红色泥岩、粉砂岩的不等厚互层，厚度400~800 m。

(6) 白垩系

塔中地区白垩系遭受了严重剥蚀，地层总体由东北向西南方向减薄，主要为河流–冲积平原相沉积，岩性以中–厚层灰黄、棕、浅灰色含砾不等粒砂岩、中细砂岩、粉砂岩为主夹薄层棕褐、棕红色粉砂质泥岩、泥岩，厚0~500 m。

(7) 第三系

下第三系岩性主要为棕红、棕黄、棕褐色含砾砂岩、中细砂岩、粉砂岩夹泥岩，厚度分布均匀，一般为100~300 m；上第三系岩性以浅灰黄、棕黄、浅棕红、棕褐色含砾不等粒砂岩、中细砂岩、粉砂岩为主，夹棕黄、灰黄、棕褐色粉砂质泥岩、泥岩，厚1000~2000 m。

(8) 第四系

第四系主要为灰黄色含砾砂岩夹黄色黏土，厚50~350 m。

1.3　油气勘探现状

1.3.1　塔中南坡

卡塔克隆起又叫塔中隆起，为海西早期受压扭作用形成的基底卷入型隆起(何发岐和何海泉，1995)。在卡塔克隆起的南北两侧，分别为塔中南坡和塔中北坡。

目前，塔中南坡地震勘探程度最低，其地震测网密度只有 4 km×8 km，其余地区地震测网密度为 2 km×4 km~4 km×4 km；累计完成二维地震测线 349 条，测线长度 26113.32 km，其中，1996 年以后施工的测线共 192 条，测线长度 12060.20 km。中石化 2007 年前施工的测线 130 条 8219.20 km；2008 年为整体解剖塘古孜巴斯凹陷部署实施 5 条二维地震测线(3 条南北向、2 条东西向)，满覆盖长度 656.02 km，一次覆盖长度 749.22 km。

此外，塔中南坡已完钻参数井、探井共计 11 口。从钻井揭示情况看，中–下奥陶统北东向潜山构造带储层发育状况较好，中 3 井、塔中 3 井中–下奥陶统见良好的油气显示，但测试未获油气，塘参 1 井、塘北 2 井、塘古 1 井油气显示不佳；在塔中Ⅱ号–塔中 5 井断裂构造带，中 4 井、塔中 38 井、塔中 48 井奥陶系碳酸盐岩见不同级别的油气显示，测试均为水层(产量不高)或干层；台缘坡折带中 2 井、塔中 52 井良里塔格组见油气显示，其中塔中 52 井完井测试酸压后折日产油 2.32 方、水 1.45 方，中 2 井完井测试酸压后折日产水 28.10 方，塔中 60 井显示不佳，未测试。

目前，塔中南坡的油气勘探尚未获得大的突破。但是，该区深层古生界走滑断裂带具有重要勘探潜力(西北油田分公司勘探开发研究院塔中勘探研究所，2013；黄太柱，2014；西北油田分公司勘探开发研究院，2015，2017；西北油田分公司勘探开发研究院顺北项目部，2019)。

1.3.2　塔中北坡

塔中北坡及邻区勘探程度稍高，三维地震已完成 7 块共计 5487 km^2；二维地震已完成 505 条测线，共计 37610 km，地震测网密度达到 2 km×4 km~4 km× 4 km。

自 1989 年在塔中 1 井下奥陶统古潜山获得工业油流以来，塔中地区奥陶系碳酸盐岩与古生界碎屑岩两大勘探层系获重大油气突破，相继在顺

2 井、顺 6 井上奥陶统良里塔格组见良好油气显示，在中 1 井、中 1H 井中下奥陶统鹰山组风化壳型岩溶储层获工业油气流，在古隆 1 井鹰山组内幕埋藏型岩溶储层获工业气流。此外，还在塔中 1、塔中 162、塔中 24、塔中 26、塔中 44、塔中 45、塔中 451、塔中 16、塔中 161 等井获得了工业油气流，在塔中 2、塔中 4、塔中 10、塔参 4、塔中 62 等井获得不同程度油气显示。

2015 年中国石化西北油田分公司在顺北 1-1H 井测试获高产稳产油气流，日产原油 185 吨、天然气 9 万方，拉开了顺北油田发现的序幕。随后，又在该地区部署了 6 口井，日产均超百吨。至 2016 年，探明资源量达到 17 亿吨，其中石油 12 亿吨、天然气 5000 亿方。目前，该区深层的古生界走滑断裂带成为了塔里木盆地油气勘探的亮点(唐照星，2014；李萌等，2016；甄素静，2016；韩晓影等，2018；邓尚等，2019)。

同时，中国石化西北油田分公司还在顺南地区古生界碳酸盐岩地层中获得了天然气勘探的突破。目前，已在顺南三维区钻探顺南 1、顺南 2、顺南 4、顺南 401、顺南 4-1、顺南 5、顺南 501、顺南 5-1、顺南 5-2、顺南 6、顺南 7、顺南蓬 1 等井。其中，除顺南 2 井未见油气显示外，顺南 1 在一间房–鹰山组测试获油气，顺南 4 获在鹰山组上段获高产工业气流，顺南 4-1 与顺南 401 在鹰山组录井见气显示，顺南 401、顺南 501 与顺南 7 井在鹰山组试获工业油气流，顺南 5 井在鹰山组下段试获高产工业油气流，在一间房组见良好油气显示。顺南 6 井在中–下奥陶统试获高产工业油气流，顺南蓬 1 井在一间房组、鹰山组、蓬莱坝组、寒武系上丘里塔格组录井见油气显示，显示了顺南地区奥陶系良好的勘探前景。

钻探表明，顺南地区油气显示以"气"显示为主，有气测异常、弱含气、含气、富含气、荧光、油迹等，总共录得油气显示 690.81 m/162 层，其中荧光 4.0 m/1 层(顺南 5)、油迹 3.98 m/1 层(顺南 1)、气测异常 143.46 m/29 层、弱含气 434.34 m/111 层、含气 94.03 m/17 层、富含气 11.0 m/3 层。

按层位统计，"气"显示分布在石炭系和奥陶系，尤其在奥陶系中—下统最为活跃，油气显示有向下变"富集"的趋势。

此外，在塔中北坡东南端的古隆 1 井在鹰山组内幕已获低产工业气流，在古隆 2 井一间房组、鹰山组上段钻揭储层发育段，见良好的油气显示。特别地，2012 年 5 月 15 日中石油在古城 6 井奥陶系鹰山组测试，喜获高产工业气流，进一步证实了塔中北坡地区巨大的油气勘探潜力。

2

塔中南坡构造变形模式、剖面结构及构造演化

2.1 构造变形模式

T_8^1(上寒武统底面)膏盐层为塔中南坡加里东中期逆冲–推覆构造变形的主要滑脱层，在其控制下，形成了塔中南坡加里东中期独特的滑脱–拆离变形模式，即西段自北向南发育断层转折–断层传播叠加褶皱、断层转折–断层转折叠加褶皱和断层转折褶皱等 3 排走向北东东的断层相关褶皱带，东段则自西向东发育多排走向北东东的断层传播褶皱带与冲断前锋的断层转折褶皱带，从而与玉北地区同期的叠瓦状变形模式明显不同。

塔中南坡海西早期与海西晚期、东段和西段的压扭构造变形模式明显不同。海西早期，主要是在北西向的塔中Ⅰ号断裂的压扭活动影响下，其派生断层向南冲断，从而形成了东段的大型冲断–褶皱带——双重构造带(三角带)；海西晚期，由于在塔中 8-1 井至塔中 3 井一带发育压扭断层，加里东中期形成的冲断–褶皱受到强烈改造，从而形成了东段西部的冲断–褶皱和压扭叠加构造变形模式。这一点与玉北地区类似，但后者强度明显要弱。

2.1.1 加里东期中、晚期的滑脱–拆离变形模式

研究表明，塔中南坡加里东中期独特的滑脱–拆离变形模式与 T_8^1 膏盐层密切相关。在其控制下，西段自北向南发育有 3 排走向北东东的断层相关褶皱带，东段则自西向东发育多排断层传播褶皱带与冲断前锋的断层转折褶皱带。

1. 主要滑脱层

研究表明，造成塔中南坡深部逆冲–推覆构造变形的断层主要是沿着 T_8^1 反射界面活动的。在该反射界面下，是中寒武统顶部具有一定厚度的膏盐层。因此，该套膏盐层是塔中南坡地区逆冲–推覆构造变形的主要滑脱层。

从塔中南坡西段断层相关褶皱非常发育而东段相对来说不太发育的现象来看，上述膏盐滑脱层可能在塔中南坡西段较为发育，而在东段却是不太发育。

2. 西段滑脱–拆离变形模式

该段主要为加里东中期逆冲–推覆构造变形形成的多排断层相关褶皱带。

图 2-1 为塔中南坡西段构造变形模式图。由图可知，塔中南坡西段及邻区自北向南发育有塔中II号压扭构造变形带、塔中 22 井压扭构造变形带、中 2 井反转构造变形带、塘北 2 井–塘参 1 井逆冲–推覆构造带和前锋冲断-褶皱带等。在冲断前锋带的南侧则为塔南逆冲推覆–压扭构造变形带。

在上述各构造变形带中，只有塘北 2 井–塘参 1 井逆冲–推覆构造带和前锋冲断–褶皱带属于滑脱–拆离变形构造带，它们是加里东中期逆冲–推覆构造变形形成的多排断层相关褶皱带。

图 2-1 表明，形成上述滑脱-拆离变形带的断层，主要是沿着 T_8^1 反射界面中下寒武统顶部的膏盐层滑脱的。在该滑脱面的控制下，在塔中南坡西段自北向南发育断层转折–断层传播叠加褶皱、断层转折–断层转折叠加褶皱和断层转折褶皱等 3 排走向北东东的断层相关褶皱带。

塔中南坡西段加里东中期的构造变形具有自北向南逐渐减弱的规律，即从断层传播褶皱向断层转折褶皱转变的规律，表明构造应力的作用越来越弱。

需要说明的是，从断达层位和岩浆侵入层位来看，上述塔中 22 井压扭构造变形带主要活动于海西晚期，特别是早二叠世末。在地震剖面上，在 T_5^0 反射界面之上鲜见有二叠纪岩浆活动的踪迹。

此外，图 2-1 表明，塔中南坡东段加里东中期形成的另外一个重要的变形带——中 2 井反转构造变形带，应该是加里东早期(寒武纪–早奥陶世，可能包含晚震旦世)活动的正断层在加里东中期(中–晚奥陶世)发生构造反转的结果。

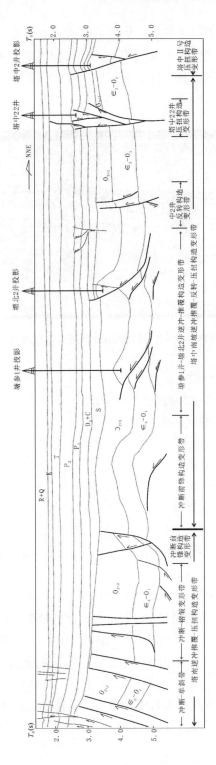

图 2-1　塔中南坡西段构造变形模式图

　　从前人的研究成果来看，玉北地区加里东期的构造变形与塔中南坡地区明显不同。玉北地区主要为一些断层传播褶皱，构造变形强烈，但构造类型明显较简单。同时，玉北地区地层的变形程度也明显不及塔中南坡地区(图2-2)。

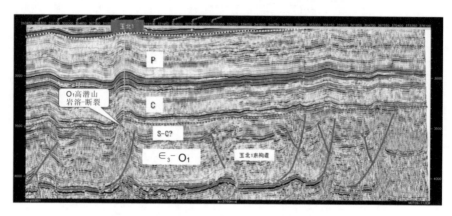

图 2-2　玉北地区冲断–褶皱构造剖面(据何治亮，2010)

3. 东段滑脱–拆离变形模式

　　该段主要为加里东中期逆冲构造变形形成的、多排走向北东东的断层传播褶皱带与冲断前锋的断层转折褶皱带。

　　图2-3为塔中南坡东段北北东方向构造变形模式图。由图可知，塔中南坡东段自北西向南东发育有塔中 I 号反转–压扭构造变形带、塔中5井压扭构造变形带、塔中南坡东段冲断褶皱变形带(双重构造带)。

　　图2-3表明，在上述各构造变形带中，塔中 I 号反转–压扭构造变形带、塔中5井压扭构造变形带属于多期次构造叠加变形带。它们是在加里东中期形成冲断–褶皱变形形成断层传播褶皱的基础上，叠加海西晚期压扭变形形成的花状或半花状构造带。

　　图2-3表明，形成上述滑脱–拆离变形带的断层，主要是沿着 T_8^1 反射界面中下寒武统顶部的膏盐层滑脱的。在该滑脱面的控制下，塔中南坡东段发育大型的双重构造。该双重构造主要由两个断层转折褶皱上、下叠合而成。这两个断层转折褶皱分别由两条自北北东向南南西方向运动的逆冲断层所形成。

　　图2-3表明，上述大型双重构造还被指示压扭变形的花状构造改造，该压扭构造主要形成于海西期，在印支期乃至燕山期仍有活动。

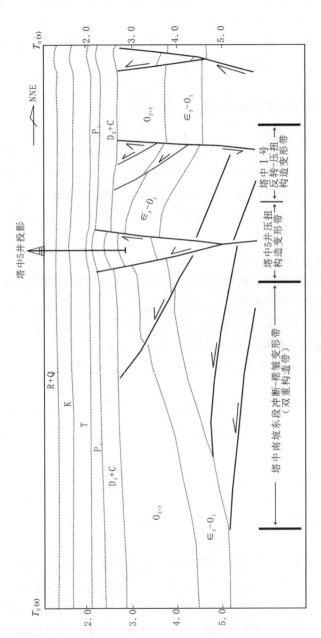

图 2-3　塔中南坡东段北东方向构造变形模式图

从塔中南坡西段断层相关褶皱变形模式数量更多、更复杂，而东段相对来说数量较少、较简单来看，上述 T_8^1 膏盐滑脱层可能在塔中南坡西段较为发育，而在东段则不太发育。

以上分析表明，塔中南坡加里东中期的构造变形具有明显的"南北分带"、"东西分段"的特征。

2.1.2　海西期的压扭构造变形模式

塔中南坡海西早期与海西晚期、东段和西段的压扭构造变形模式明显不同。东段在海西早期发育双重构造带(三角带)，海西晚期在东段西部发育冲断褶皱–压扭叠加构造变形带；西段海西早期变形较弱，海西晚期发育小型压扭构造，并有岩浆顺断层喷发。这一特征与玉北地区类似，但后者强度明显要弱。

1. 西段压扭构造变形模式

主要为海西晚期压扭构造变形所形成的多个小型花状构造，由走向北东–北北东的压扭断层组成(图 2-1)。

从断达层位和岩浆侵入层位来看，塔中南坡西段的塔中 22 井压扭构造变形带主要形成于海西晚期，特别是早二叠世末。因此，可见在 T_5^0 反射界面有二叠纪岩浆活动的踪迹，而在该反射界面之上鲜见有二叠纪岩浆活动的踪迹。

由图 2-1 可以发现，上述压扭构造变形与玉北地区具有较大的差异。玉北地区压扭构造变形的结果形成了褶皱变形带，而塔中南坡西段则形成了花状构造带，且压扭的程度明显要强烈得多。

2. 东段压扭构造变形模式

加里东中期，东段在塔中I号断裂的压扭构造活动影响下，形成了一走向北西的大型冲断–褶皱带——双重构造带(三角带构造)；海西期，发育了多个指示压扭变形的花状构造带。

图 2-4 为塔中南坡东段南南东方向构造变形模式图。由图可知，塔中南坡东段及邻区自北西向南东发育有西部冲断褶皱–压扭叠加构造变形带、东部冲断–褶皱变形带和塔南逆冲推覆–压扭构造变形带。其中，塘古 1 井构造带、塔中 3 井构造带和中 3 井构造带整体上表现为花状或半花状的变形特征，表明塔中南坡东段压扭变形明显。

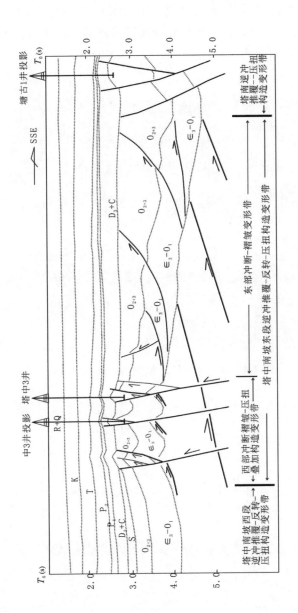

图 2-4　塔中南支东段南南东方向构造变形模式图

总的来说，在塔中南坡东段的西部，自西向东还依次发育有塔中 8-1 井、中 3 井和塔中 3 井等 3 个主要的冲断褶皱–压扭构造变形带。它们属于多期次构造叠加变形带，是在加里东中期I幕(中奥陶世末)和II幕(晚奥陶世早–中期)发生冲断–褶皱变形，形成断层传播褶皱的基础上，叠加海西晚期的压扭变形而成的半花状构造带(图 2-5 和 2-6)。

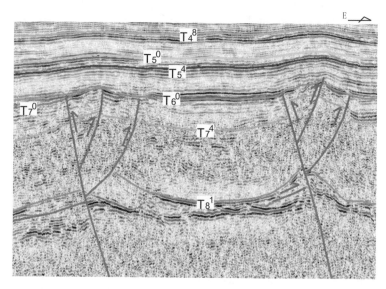

图 2-5   塔中南坡 322EW 测线地震剖面(一)

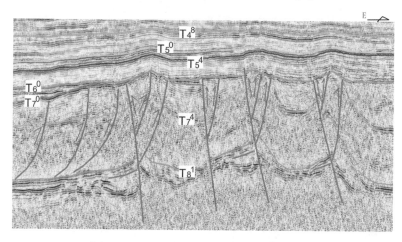

图 2-6   塔中南坡 322EW 测线地震剖面(二)

　　研究表明，上述半花状构造带形成于海西晚期。证据如下：(1)下二叠统强烈的褶皱变形，其上的上二叠统则变形强度明显减弱，表明构造变形主要发生于早二叠世末–中二叠世；(2)二叠系，尤其是下二叠统中发育的褶皱非常对称；(3)发育反向断层，剖面上组成半花状构造或反"y"字形断层(图 2-5 和 2-6)。

　　可见，塔中南坡东段海西晚期的压扭构造变形具有明显的"东西分带"特征。

2.1.3　构造转换特征

　　从前面的分析已经知道，塔中南坡加里东中期的构造变形具有明显的"南北分带"、"东西分段"的特征。其"东西分段"特征除了与 T_8^1 滑脱层的发育差异有关外，还与构造转换具有密切的关系。

　　图 2-7 和 2-8 分别为塔中南坡东、西段交接处的 492SN、504SN 测线地震剖面。由图可知，与东、西两段寒武–奥陶系构造层中发育断层相关褶皱的构造变形样式明显不同，在塔中南坡东、西段交接处反向断层很发育，并发育反"y"字形构造样式，表明该区的构造变形具有明显的压扭构造特征。

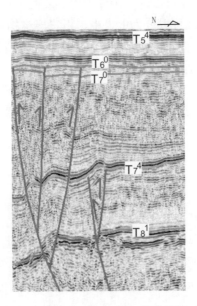

图 2-7　塔中南坡 492SN 测线地震剖面

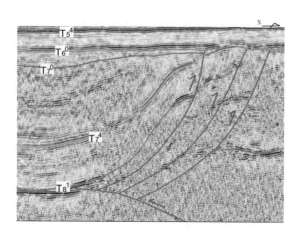

图 2-8 塔中南坡 504SN 测线地震剖面

2.2　平面和剖面地质结构

平面上，塔中南坡可以分为东、西两段。东段为向东南倾斜的斜坡，以海西早期和海西晚期的压扭构造变形为主。根据变形差异，又可以进一步分为东、中、西三段，西段为向南倾斜的斜坡，以加里东中期的逆冲–推覆构造变形为主，还可以进一步分为南、北两个带(图 2-9)。

剖面上，塔中南坡可以分为上、中、下三层结构，但东、西两段的含义明显不同。西段主要为寒武–奥陶系强烈变形构造层(加里东中期)、志留–三叠系弱变形构造层(加里东晚期–印支期)与白垩–第四系未变形构造层(燕山期–喜山期)；东段则依次为寒武–奥陶系强烈变形构造层(加里东中期)、石炭–三叠系弱变形构造层(海西早期–印支期)与白垩–第四系未变形构造层(燕山期–喜山期)(图 2-10~2-12)。

2.2.1　平面结构

平面上，塔中南坡可以分为东斜坡和西斜坡两个一级构造单元。其中，东斜坡可以分为西亚段叠加变形区、中亚段叠加变形区和东亚段冲断–褶皱变形区 3 个二级构造单元，西斜坡可以分为北部弱变形区和东亚段冲断–褶皱变形区 2 个二级构造单元。二者又可以进一步分为多个三级构造单元(表 2-1)。

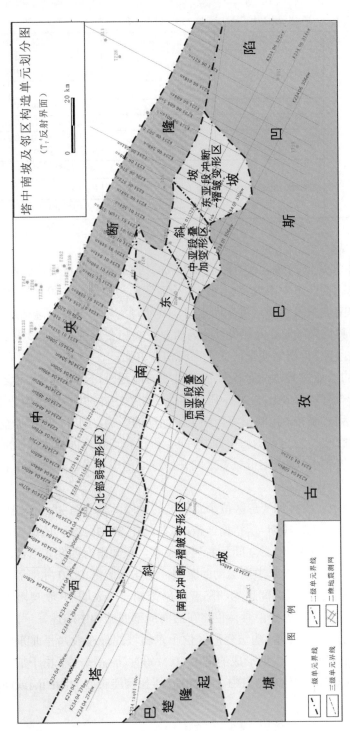

图 2-9　塔中南坡及邻区构造单元划分图

表 2-1 塔中南坡平面结构一览表

序号	一级单元	二级单元	三级单元	控制测线
1	东斜坡	西亚段叠加变形区	塔中 8-1 井叠加变形带	504、512、536、544SN、282、290、306、314EW
			中 3 井叠加变形带	
2		中亚段叠加变形区		552、564SN、306、314EW
3		东亚段冲断–褶皱变形区		580、592SN、314、322EW
4	西斜坡	北部弱变形区		428、488、528SN、290、298、314、322EW
5		南部冲断–褶皱变形区	塘北 2 井冲断–褶皱带	440、448SN
6			塘参 1 井冲断–褶皱带	448、476SN
7			塘参 1 井东冲断–褶皱带	500、508SN

(1) 东斜坡

图 2-9 主要是依据加里东中期运动形成的构造–古地理格局，并结合其后历次构造运动在塔中南坡及邻区产生构造变形与构造叠加得到的。由图可知，塔中南坡东段整体呈近东西走向，其北侧为塔中 5 井断隆构造带，南侧为塘古孜巴斯坳陷，内部可以分为西亚段叠加变形区、中亚段叠加变形区和东亚段冲断–褶皱变形区 3 个二级构造单元。

东斜坡的西亚段叠加变形区位于东斜坡的最西段，呈北东–北北东走向，主要分布有塔中 8-1 井冲断–压扭构造带和中 3 井冲断–压扭构造带，且二者呈右列式展布，反映出海西期走滑活动的影响。同时，由于加里东中期运动的影响，它与东侧塔中 3 井冲断–压扭构造带之间也为凹陷或向斜带相隔，表明中–晚奥陶世二者之间开始逐渐出现分异。具体将在后面的剖面结构中阐述。

东斜坡的中亚段叠加变形区位于东斜坡的中段，呈北东–北北东走向，主要分布有塔中 3 井冲断–压扭构造带，且与塔中 8-1 井冲断–压扭构造带和中 3 井冲断–压扭构造带之间呈右列式展布，反映出海西期走滑活动的影响。同时，由于加里东中期运动的影响，它与东侧塔中 60 井南侧的东亚段冲断–褶皱变形区之间也为凹陷或向斜带相隔，表明中–晚奥陶世二者之间开始逐渐出现分异。具体也将在后面的剖面结构中阐述。

东斜坡的东亚段冲断–褶皱变形区位于东斜坡的最东段，呈北东东走向，主要分布有加里东中期形成的塔中 60 井等冲断–褶皱带。由于加里东中期运动的影响，它与东侧塔中 3 井冲断–压扭构造带之间为凹陷或向斜带相隔。

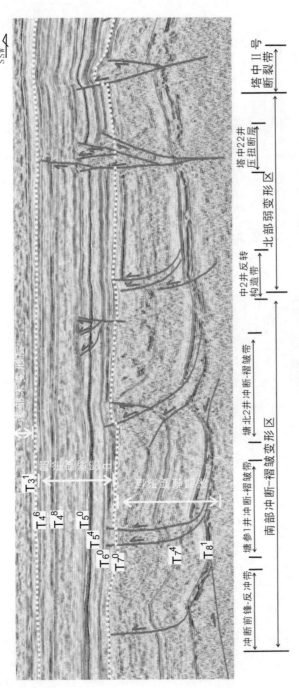

图 2-10 塔中南坡及邻区剖面结构图(448SN 测线)

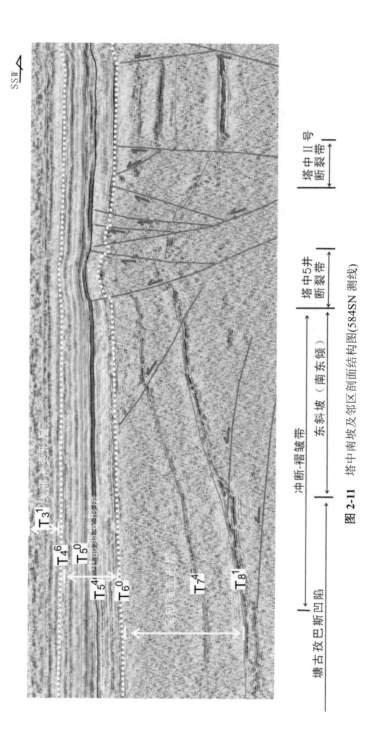

图 2-11　塔中南坡及邻区剖面结构图(584SN 测线)

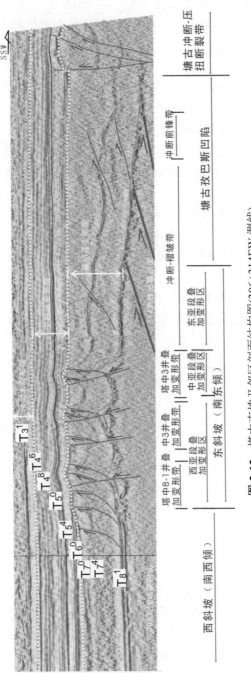

图 2-12 塔中南坡及邻区剖面结构图(306+314EW 测线)

图 2-13 表明，上述西亚段叠加变形区还可以根据海西期的构造变形特征分为两个三级构造单元，即塔中 8-1 井冲断–压扭构造带和中 3 井冲断–压扭构造带，它们整体都呈北东走向。

(2) 西斜坡

图 2-9 表明，塔中南坡西斜坡整体呈近北西走向，其北侧为塔中Ⅱ号断隆构造带，南侧为塘古孜巴斯坳陷，内部可以根据变形程度的差异分为北部弱变形区和南部冲断–褶皱变形区两个二级构造单元。

塔中南坡西斜坡的北部弱变形区位于西斜坡的北部，即塔中Ⅱ号断裂与中 2 井断裂之间，呈北西西走向。区内构造变形很弱，仅分布有一些海西晚期形成的小型压扭断层。

塔中南坡西斜坡的南部冲断–褶皱变形区位于西斜坡的南部，整体呈近北西走向。与北部弱变形区明显不同，南部冲断–褶皱变形区构造变形强烈，且主要为加里东中期Ⅱ幕的冲断–褶皱变形。这与东斜坡的海西期压扭构造变形明显不同。

根据构造变形的分带特征，可以将上述南部冲断–褶皱变形区进一步分为塘北 2 井冲断–褶皱带、塘参 1 井冲断–褶皱带和塘参 1 井东冲断–褶皱带 3 个次级构造单元。

2.2.2 剖面结构

剖面上，塔中南坡可以分为上、中、下三层结构，但东、西两段的含义明显不同(表 2-2，图 2-10~2-12)。

图 2-10~2-12 表明，塔中南坡西斜坡在剖面上自下而上依次为寒武–志留系强烈变形构造层(加里东中期)、志留–三叠系弱变形构造层(加里东晚期–印支期)与白垩–第四系未变形构造层(燕山期–喜山期)。其中，下构造层主要为加里东中期冲断–褶皱变形的结果，中构造层主要为加里东晚期–印支期冲断–褶皱变形的结果，而上构造层由于经受构造运动影响小，基本上未发生构造变形。

塔中南坡东斜坡在剖面上自下而上依次为寒武–奥陶系强烈变形构造层(加里东中期)、石炭–三叠系弱变形构造层(海西早期–印支期)与白垩–第四系未变形构造层(燕山期–喜山期)。其中，下构造层主要为加里东中期冲断褶皱–压扭变形的结果，中构造层主要为海西早期–印支期压扭变形的结果，上构造层由于经受构造运动影响小，也基本上未发生构造变形。显然，这与西斜坡的剖面结构特征明显不同。

表 2-2 塔中南坡剖面结构一览表

构造层	东斜坡	西斜坡
上	白垩–第四系未变形构造层(燕山期–喜山期)	
中	石炭–三叠系弱变形构造层(海西早期–印支期)	志留–三叠系弱变形构造层(加里东晚期–印支期)
下	寒武–奥陶系强烈变形构造层(加里东中期)	寒武–志留系强烈变形构造层(加里东中期)

前已述及，中 3 井冲断–压扭构造带与东侧塔中 3 井冲断–压扭构造带之间、塔中 3 井冲断–压扭构造带与东侧西亚段叠加变形区之间均为凹陷或向斜带相隔，表明中–晚奥陶世二者之间开始逐渐出现分异。其证据是，在近东西向的 340EW 测线地震剖面上，在塔中 3 井冲断–压扭构造带与东侧西亚段叠加变形区之间，可以清晰地看到中奥陶统向东西两侧超覆沉积的现象(图 2-13)，表明受到加里东中期运动的影响，二者之间开始出现凹陷或向斜带相隔的现象。

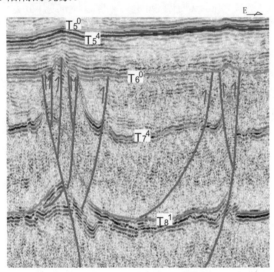

图 2-13 塔中南坡 340EW 测线地震剖面(局部)

此外，在近东西向的 314EW 测线地震剖面上，在中 3 井冲断–压扭构造带与东侧塔中 3 井冲断–压扭构造带之间，也可以清晰地看到中奥陶统向东西两侧超覆沉积的现象(图 2-14)，表明受到加里东中期I幕运动的影响，二者之间也开始出现凹陷或向斜带相隔的现象。

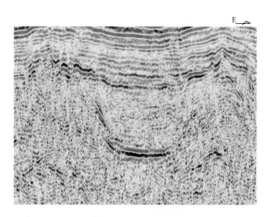

图 **2-14** 塔中南坡 314EW 测线地震剖面(局部)

图 2-9~2-12 表明塔中南坡东、西段的倾向也有根本的不同。在近南北向的地震剖面上，东、西斜坡均倾向南(图 2-9~2-10)，而在近东西向的地震剖面上，东斜坡主要倾向南东，西斜坡则主要倾向西(图 2-11)。由此可见，东斜坡的整体倾向应为南东向，而西斜坡的倾向应为南西向，二者具有根本的不同。这一点，对于探讨塔中南坡油气运移和聚集特征显得尤为重要。

2.3 构造演化特征

塔中南坡古生代的构造演化主要与盆地周缘古西昆仑、阿尔金和南天山等的古造山过程密切相关，并主要经历过寒武纪至早奥陶世弱伸展、中–晚奥陶世至志留纪强烈挤压、泥盆纪强烈压扭、石炭纪–早二叠世轻微伸展、早二叠世末–晚二叠世压扭等构造演化阶段。

2.3.1 早古生代

(1) 寒武纪–早奥陶世弱伸展阶段

地震剖面的分析表明，寒武纪–早奥陶世，塔中南坡及邻区处于弱伸展的构造状态。其主要证据是，在地震剖面上可见发育于寒武纪和早奥陶世沉积地层中的小型正断层，在这些正断层的两侧，寒武纪–早奥陶世地层厚度存在明显差异(图 2-15~2-16)。

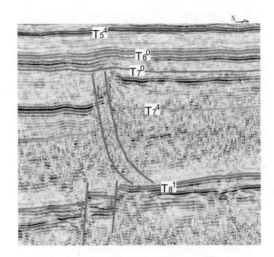

图 2-15 塔中南坡 492SN 测线地震剖面(局部)

图中，各色线条含义为：蓝色-T_5^4，紫色-T_6^0，绿色-T_7^0，橙色-T_7^4，浅蓝-T_8^1

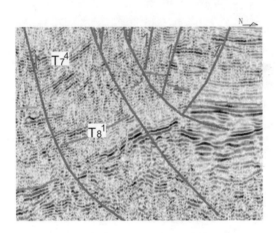

图 2-16 塔中南坡 528SN 测线地震剖面(局部)

图中，各色线条含义为：橙色-T_7^4，浅蓝-T_8^1

　　在断层分布图上，上述正断层主要沿中 2 井断裂带和塔中 II 号断裂带分布，表明寒武纪–早奥陶世时期，在近南北向拉张作用下，塔中南坡及邻区处于弱伸展的构造状态(图 2-17 和 2-18)。

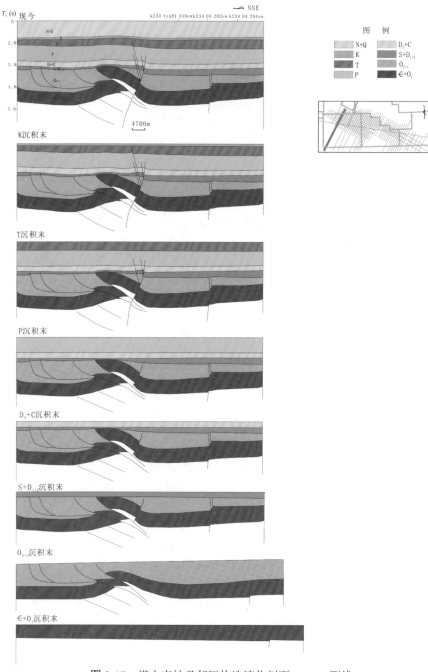

图 2-17　塔中南坡及邻区构造演化剖面(440SN 测线)

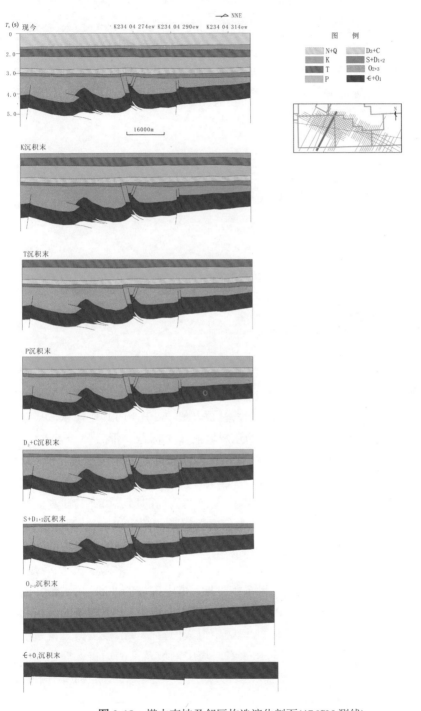

图 2-18 塔中南坡及邻区构造演化剖面(476SN 测线)

(2) 中–晚奥陶世至志留纪挤压阶段

前述地震剖面分析表明，中–晚奥陶世时期，塔中南坡及邻区处于强烈挤压的构造状态，造成塔中南坡南侧的塘古孜巴斯地区急剧沉降，中–上奥陶统自南向北(塔中南坡方向)、自东向西(塔中南坡西段方向)超覆沉积(图 2-19)，塔中南坡逐渐形成。

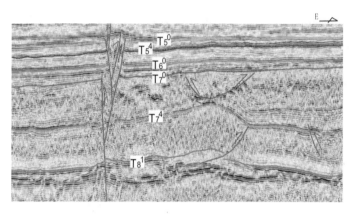

图 2-19 塔中南坡地区 286EW 测线地震剖面

中–晚奥陶世的强烈挤压，不仅造成塔中南坡南侧的塘古孜巴斯地区急剧沉降，中–上奥陶统向北、西超覆沉积(图 2-20)，而且还在东段形成了隆凹相间的格局，即前面提到的东斜坡的 3 个构造亚带。

塔中南坡加里东中期I幕的演化特征与沙雅隆起的东段极其相似。众所周知，在沙雅隆起东段，发育有加里东中期I幕形成的沙西凸起、哈拉哈塘凹陷、阿克库勒凸起和草湖凹陷，其隆凹格局的形成机理与研究区完全一致(图 2-21)。其中，草湖凹陷与塘古孜巴斯凹陷可以对比(图 2-22)，而沙西凸起、哈拉哈塘凹陷、阿克库勒凸起则与前面提到的东斜坡的 3 个构造亚带可以对比。

图 2-20 表明，中–晚奥陶世沉积时期，塔中南坡的冲断–褶皱带并未形成，这是因为这些断层及其相关褶皱对塔中南坡中–上奥陶统的沉积并不起控制作用。而从西斜坡中–上奥陶统组成的背斜核部被上覆志留系削失强烈，且志留系冲断–褶皱轻微来看，塔中南坡及南侧塘古、塘北地区早古生代地层中的冲断–褶皱带主要形成于中–晚奥陶世末的加里东II幕运动。

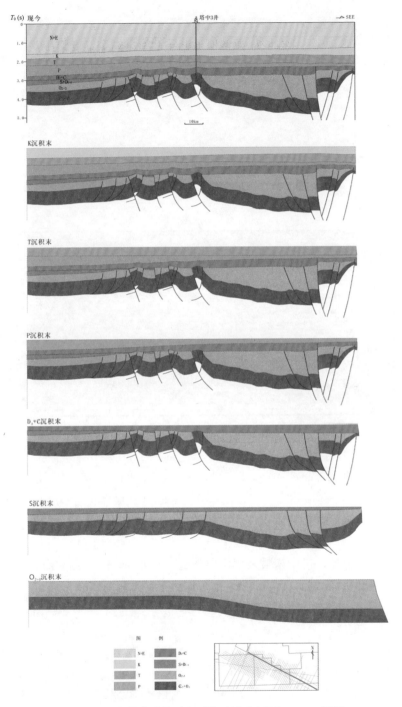

图 2-20　塔中南坡及邻区构造演化剖面(314EW 测线)

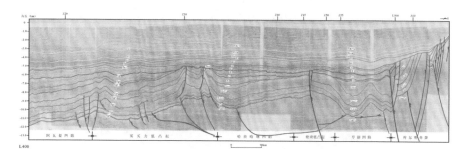

图 2-21   塔北沙雅隆起 L300 测线地震剖面

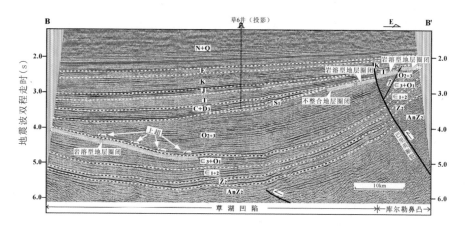

图 2-22   草湖地区 CH03-87EW 测线地震剖面(局部)

由此，可以推断在中－晚奥陶世末，由于塔里木与西侧西昆仑和南侧阿尔金的拼贴、碰撞和古造山作用，塔里木地块受到北西向西昆仑与南东向阿尔金的强烈推挤的双重作用，致使塔中南坡地区产生强烈的冲断－褶皱变形。

志留纪时期，塔中南坡及邻区仍然处于北西－南东向的挤压应力场之中，但强度明显减弱，因此冲断－褶皱作用不甚发育。

2.3.2 晚古生代

(1) 泥盆纪至石炭纪强烈压扭阶段

早、中泥盆世时期，塔里木陆块与西昆仑岛弧已经开始不均匀碰撞，早期较宽广的洋盆已接近消亡。中泥盆世末，昆仑洋最终闭合，库地缝合线形成。与这一阶段相对应的是塔西南周缘前陆盆地形成。

对于塔中地区来说，由于受到南向北斜向挤压应力的作用，北西向的塔中I、II号断裂开始活动，并且发生强烈的走滑变形。剖面上，塔中I、II号断裂均为"y"字形断层，其派生的分支断层，即塔中南坡深部多条隐伏、左列断层依次向南强烈逆冲，从而形成东斜坡深部的冲断-褶皱构造——双重构造(三角带构造)，并且使志留系和奥陶系地层受到猛烈的剥蚀。该构造抬升作用是塔中南坡东段缺失志留系的主要原因。

(2) 早二叠世轻微伸展阶段

早二叠世，由于塔里木陆块南侧沿康西瓦断裂的离散作用，古特提斯洋开始形成。同时，在塔里木陆块北侧，南天山洋进一步扩张。在塔里木陆块内部，早二叠世发生了较强烈的局部伸展作用。在塔中地区，沿北西-南东向断层发生了大规模的基性岩浆活动。

(3) 早二叠世末-晚二叠世压扭阶段

早二叠世末-晚二叠世，塔里木北缘南天山洋全面关闭，碰撞产生的褶皱冲断作用导致了横贯东西的南天山造山带的形成。随着南天山冲断带的不断南移，在塔里木陆块北缘发育了库车-乌什前陆盆地。在塔中地区，由于受到由北向南的挤压作用，北西向的塔中I、II号断裂开始复活，塔中5井断裂也开始发育，并发生明显的右旋走滑变形。同时，在东斜坡西部的塔中8-1井至塔中3井一带，发育了3条走向北东-北北东的小型左旋走滑断层，即塔中8-1井断层、中3井断层和塔中3井断层。

早二叠世末-晚二叠世的强烈走滑变形，不仅形成了塔中I、II号和塔中5井断隆带，而且形成了塔中8-1井、中3井和塔中3井等3个冲断褶皱-压扭构造带。其结果不仅使加里东期形成的3个北东向冲断-褶皱构造带受到破坏，而且使塔中8-1井至塔中3井一带明显抬升，进而造成塔中南坡东段南东倾、西段南西倾的构造-古地理格局。

3

塔中南坡构造控油作用

3.1 油气成藏的构造–古地理背景分析

古生代，塔中南坡的构造–古地理格局依次为寒武纪弱伸展凹陷、早奥陶世台内弱伸展凹陷、中–晚奥陶世台地与南倾斜坡、志留纪低隆带和北西倾斜坡、泥盆纪南倾斜坡、石炭纪东倾斜坡、二叠纪西倾斜坡和凹陷。显然，这对于塔中南坡古生界烃源岩和储、盖层的发育及油气运聚成藏过程具有重要的控制作用。

3.1.1 早古生代

早古生代，由于加里东中、晚构造运动的强烈影响，塔中南坡经历了从弱伸展凹陷到台内弱伸展凹陷，再到台地与南倾斜坡，并最终转为北倾斜坡等多种构造–古地理格局的演化过程(表 3-1，图 3-1 和 3-2)。

表 3-1 塔中南坡及邻区古生代构造–古地理格局一览表

序号	地质时期	构造–古地理格局		
1	寒武纪	弱伸展凹陷		
2	早奥陶世	台内弱伸展凹陷		
3	中–晚奥陶世	(北部)塔中台地	塔中南坡	(南部)塘古孜巴斯凹陷
4	志留纪	北部凹陷带	中部斜坡带	南部低隆带
5	泥盆纪	(北部)中央断隆	塔中南坡	(南部)塘古孜巴斯凹陷
6	石炭纪	西部斜坡		东部凹陷
7	二叠纪	西部凹陷		东部斜坡

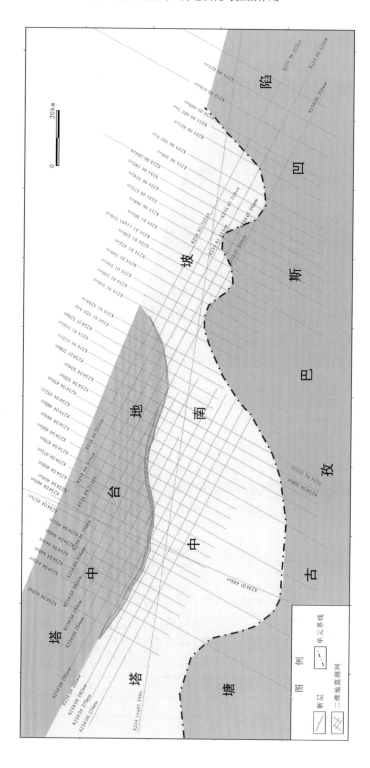

图 3-1 塔中南坡及邻区中-晚奥陶世陶世构造-古地理格局图

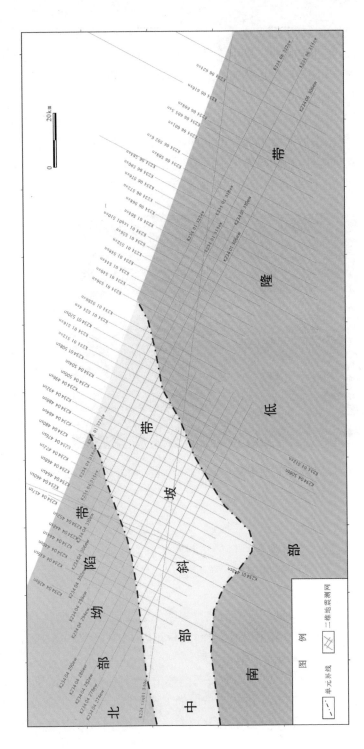

图 3-2 塔中南坡及邻区志留纪构造－古地理格局

(1) 寒武纪弱伸展凹陷

研究表明，寒武纪时期，塔中南坡及邻区属于弱伸展凹陷，处于弱伸展的构造状态，并在中 2 井及其以东一带和塔中Ⅰ号断裂带东段(塔中 59 井–塔中 27 井北侧)发育一些走向近东西的小型正断层。

上述伸展作用可能自震旦纪就开始发生，这是因为在二维地震剖面上可以看到，在塔中南坡东段中 3 井的北西侧有寒武系和震旦系组成的小型箕状断陷，表明震旦–寒武纪塔中地区发生了伸展构造变形。这一特征与巴楚北东侧夏河地区发育的小型箕状断陷完全一致(图 3-3 和 3-4)。

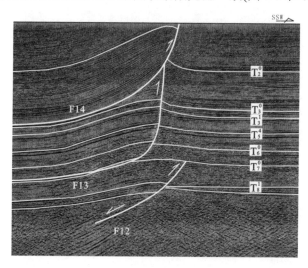

图 3-3　巴楚 NE73 测线示亚松迪 1 号断层(反转)。F12、F13、F14：亚松迪 1、2、3 号断层

图 3-3 和 3-4 表明，在巴楚亚松迪、夏河等地不仅发育有寒武纪的小型正断层，而且还发育有晚震旦世的正断层，表明晚震旦世–寒武纪塔里木盆地西部也处于伸展–弱伸展的构造状态。

(2) 早奥陶世台内弱伸展凹陷

研究表明，在早奥陶世，塔中南坡及邻区处于弱伸展的构造状态，证据为在中 2 井及其以东一带和塔中Ⅰ号断裂带东段(塔中 59 井–塔中 27 井北侧)发育一些走向近东西的小型正断层。

总的来看，早奥陶世，塔中南坡及邻区属于台内弱伸展凹陷，处于稳定的碳酸盐岩台地沉积环境，沉积了巨厚的下奥陶统。同时，由于存在南北向的轻微伸展作用，前述中 2 井及其以东一带和塔中Ⅰ号断裂带东段(塔中59井–塔中27井北侧)在寒武纪发育的一些走向近东西的小型正断层继续发育。

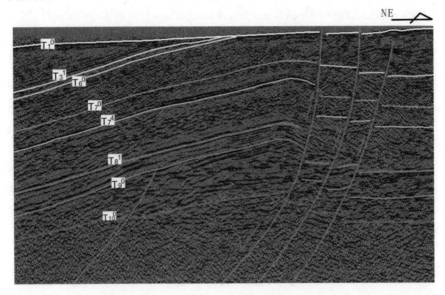

图 3-4 巴楚夏河区块 NE184 测线地震剖面(南段)

可见,早奥陶世塔中南坡及邻区的构造–古地理格局具有与寒武纪明显不同的特征。

(3) 中–晚奥陶世台地与南倾斜坡

奥陶纪,古昆仑洋沿着乌依塔格–库地–阿其克库勒湖–香日德一线向南俯冲消减,形成了位于中昆仑地体上的早古生代岛弧岩浆岩带(同位素年龄大多集中在 517~423 Ma)。中奥陶世,这一俯冲作用达到高峰。

与这一过程相对应的是,塔里木盆地内部开始处于挤压构造应力的状态,并开始出现大的隆凹格局,塔北的满加尔坳陷、草湖凹陷、阿克库勒凸起、塔西南的塘古孜巴斯凹陷、和田古隆起等开始形成。同时,在塔中南坡及邻区也开始出现明显的构造–古地理分异。

图 3-1 表明,中–晚奥陶世,塔中南坡及邻区已经由早先的弱伸展凹陷转化为台地与南倾斜坡:一方面,由于南侧塘古孜巴斯坳陷的强烈沉降,形成南部深凹陷,中 2 井断裂及其以北的地区相对抬升成为台地,中 2 井断裂以南的地区则成为台地与深凹陷之间的斜坡;另一方面,中 3 井及其以东的东斜坡地区也产生了构造分化,出现了东西方向隆凹相间的构造

格局。

图 3-1 表明，先前在中 2 井及其以东一带和塔中I号断裂带东段(塔中 59 井–塔中 27 井北侧)发育的一些走向近东西的小型正断层，此时已经不再发育。

可见，中–晚奥陶世，塔中南坡及邻区的构造–古地理格局具有与寒武纪、早奥陶世时期明显不同的特征。其最大的特点是在南北和东西方向上出现了大的隆凹构造格局，造成地层向西、向北的明显超覆沉积现象。显然，这对于塔中南坡奥陶系岩溶储层的发育意义重大。

(4) 志留纪低隆带和北西倾斜坡

志留纪，古昆仑洋向南俯冲消减完毕，中昆仑早古生代岛弧与塔里木板块发生碰撞，形成了碰撞造山带，由此在塔南地区形成了周缘前陆褶皱冲断带雏形和晚志留世塔南周缘前陆盆地。受其影响，塔中南坡及邻区的构造–古地理也发生了重大变化。

图 3-2 表明，志留纪时期，中、晚奥陶世的台地与南倾斜坡已经不复存在，塔中南坡西段中、北部地区已经转化为了一北西倾斜坡和凹陷，东段和西段南部地区已经转化为低隆带。

图 3-2 还表明，志留纪时期，塔中南坡及邻区处于南高北低、东高西低的构造–古地理环境。这一环境与寒武纪、早奥陶世、中–晚奥陶世时期的明显不同。其最大的特点是，东南部处于隆起，西北部为北西倾斜坡和凹陷，造成地层向南、向东明显的超覆沉积现象(图 3-5~3-7)。显然，这对于塔中南坡奥陶系岩溶和地层圈闭的发育具有重要影响。

3.1.2　晚古生代

晚古生代，由于海西早、晚期构造运动的强烈影响，塔中南坡经历了从南倾斜坡到东倾斜坡，再到西倾斜坡和凹陷等多种构造–古地理格局的演化过程(表 3-1，图 3-8~3-10)。

(1) 泥盆纪南倾斜坡

泥盆纪，碰撞作用继续进行，一方面形成了塔南周缘前陆盆地，另一方面，前陆的褶皱冲断作用不断加强，并在前陆盆地内部发育了巨厚的中、下泥盆统和上泥盆统磨拉石、复理石沉积。受其影响，塔中南坡及邻区的构造–古地理在志留纪的基础上又发生了重大的变化。

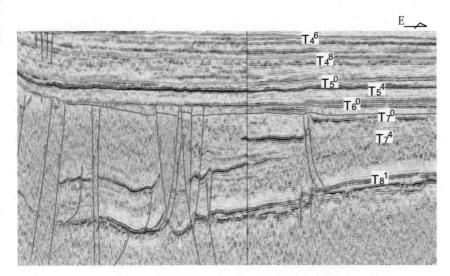

图 3-5　塔中南坡及邻区 492SN 测线地震剖面

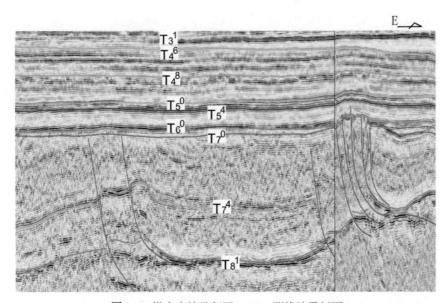

图 3-6　塔中南坡及邻区 512SN 测线地震剖面

图 3-8 表明，泥盆纪时期，近北西走向的塔中Ⅰ、Ⅱ号断裂和塔中 5 号断层发生强烈的压扭活动。受其影响，塔中南坡及邻区北部被(深部隐伏向南逆冲断层)强烈抬升，成为一走向北西的南倾斜坡，南倾斜坡的南侧则为塘古孜巴斯凹陷。

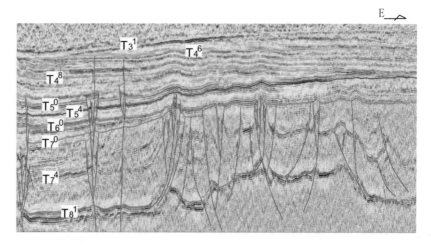

图 3-7　塔中南坡及邻区 512SN 测线地震剖面

　　可见，泥盆纪的塔中南坡及邻区的构造-古地理格局与志留纪的明显不同，其最大的特点是南倾斜坡而非北倾斜坡。显然，这对塔中南坡及邻区的油气运移和聚集影响重大。

　　(2) 石炭纪东倾斜坡

　　图 3-9 表明，石炭纪时期，塔中南坡的东段转变成了凹陷，中、西段转变成了东倾斜坡，并在其上沉积了一套海相为主夹有陆相的碳酸盐岩和碎屑岩建造。

　　在上述东倾斜坡的构造-古地理格局控制之下，石炭系向西明显超覆沉积，且地层厚度东厚西薄。

　　可见，相对于泥盆纪时期来说，石炭纪的构造-古地理格局发生了重大的改变。这一点，对于塔中南坡及邻区的油气运移和聚集来说具有重要意义。

　　(3) 二叠纪西倾斜坡和凹陷

　　二叠纪时期，南天山洋向北俯冲加剧，并于早二叠世末沿着汗腾格里峰-库米什一带发生终极碰撞，南天山洋关闭，塔北库车前陆盆地形成。同时，在塔里木板块南部，甜水海地块自晚石炭世开始向北俯冲，至晚二叠世时已经造成西昆仑弧间盆地消亡，早、晚古生代岛弧连为一体。受其影响，塔中南坡及邻区的构造-古地理又发生了重大的改变。

　　图 3-10 表明，二叠纪时期，塔中南坡的中、西段已经由石炭纪时期的东倾斜坡转变为了凹陷，而东段及塘古孜巴斯地区则由石炭纪时期的凹陷

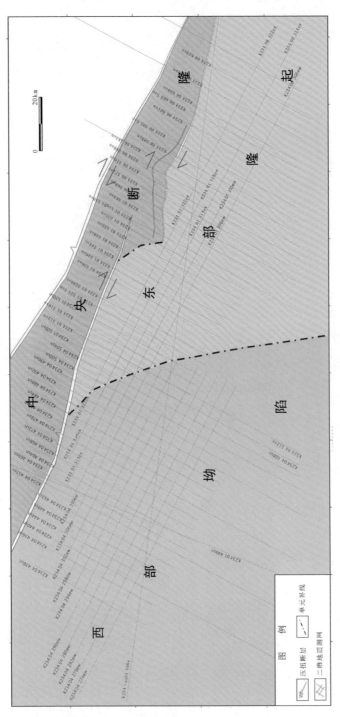

图 3-8 塔中南坡及邻区泥盆纪构造–古地理格局图

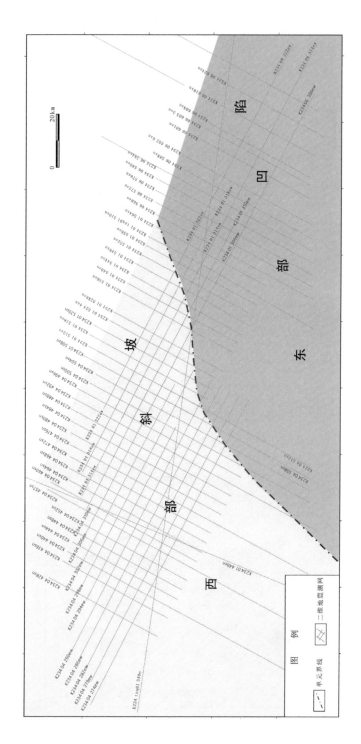

图 3-9　塔中南坡及邻区石炭纪构造-古地理格局图

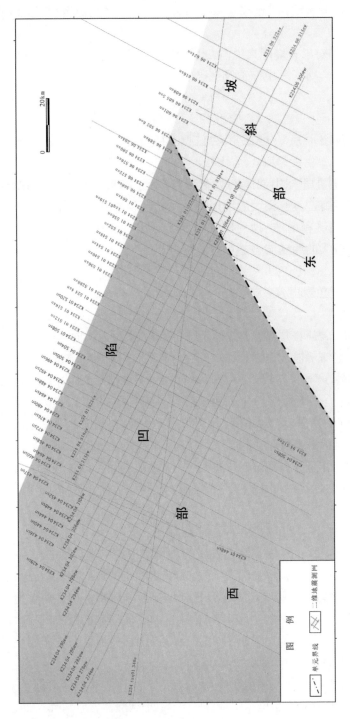

图 3-10 塔中南坡及邻区二叠纪构造-古地理格局图

转变为了西倾斜坡，其结果造成了二叠系向东明显超覆沉积，且地层厚度西厚东薄。

可见，相对于石炭纪来说，二叠纪构造–古地理格局的改变可算得上是反转。这一点对于塔中南坡及邻区的油气运移和聚集来说意义重大。

3.2　古岩溶储层、地层和岩性圈闭分析

塔中南坡加里东中期I幕(T_7^4界面)与海西早期(T_6^0界面)碳酸盐岩古岩溶储层很发育，具有极大的勘探潜力。同时，塔中南坡志留系岩性圈闭、上泥盆统构造和构造–地层圈闭及石炭系岩性和构造–岩性圈闭也较发育，具有较大的勘探潜力。

3.2.1　碳酸盐岩岩溶储层

前人研究表明，塔中地区加里东中期I幕(T_7^4反射界面)与海西早期碳酸盐岩古岩溶储层很发育，主要分布于奥陶系鹰山组($O_{1-2}y$)和一间房组(O_2yj)(图3-11)(云露和曹自成，2012)。目前，中石油已经在塔中地区的奥陶系构造层提交了三级储量8.8亿吨油当量，其中鹰山组($O_{1-2}y$)提交了三级储量7.7亿吨油当量，这表明塔中地区加里东中期I幕与海西早期碳酸盐岩古岩溶储层勘探潜力巨大。

地震剖面的分析表明，塔中南坡中–下奥陶统的海相碳酸盐岩岩溶储层很发育，以加里东中期I幕(T_7^4界面)最为发育，其次则为海西早期(T_6^0界面)。

(1) 加里东中期I幕(T_7^4界面)岩溶储层

该现象主要与中–晚奥陶世发生的加里东中期I幕运动有关。在地震剖面上，可见塔里木盆地南部中–下奥陶统为稳定的台地相沉积。由于受加里东中期I幕运动的影响，塘古孜巴斯地区急剧沉降，塔中南坡地区相对抬升形成斜坡，造成中–上奥陶统由南向北、由东向西超覆沉积。因此，超覆沉积处都应该是加里东中期I幕(T_7^4界面)中–下奥陶统海相碳酸盐岩岩溶储层发育地点(图3-12~3-13)。

图3-14为塔中南坡加里东中期I幕(T_7^4界面)碳酸盐岩岩溶储层分布图。由图可知，塔中南坡加里东中期I幕(T_7^4界面)碳酸盐岩岩溶储层非常发育，

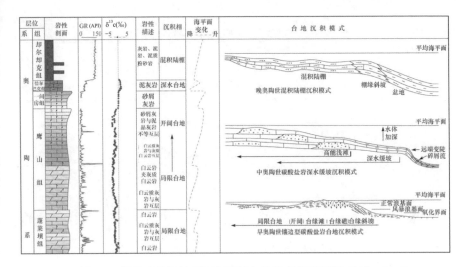

图 3-11 塔里木盆地地层沉积环境与构造变革界面图(云露，2012)

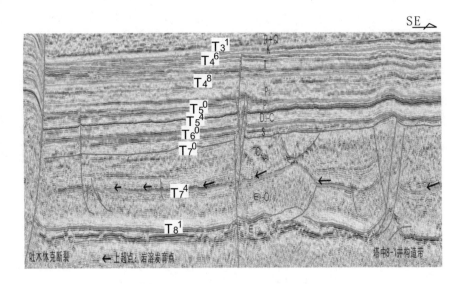

图 3-12 塔中南坡 274EW 测线地震剖面

分布面积很大，并主要呈两个带分布：一是中 2 井断裂带以北的塔中台地区。该区在 T_7^4 界面形成以后，中–上奥陶统沉积期处于较高的构造部位，长期处于风化淋滤的状态。因此，该区的碳酸盐岩溶储层最为发育。二是位于中 2 井断裂带以南、塘北 2 井–塘参 1 井一带以北的地区，以及中

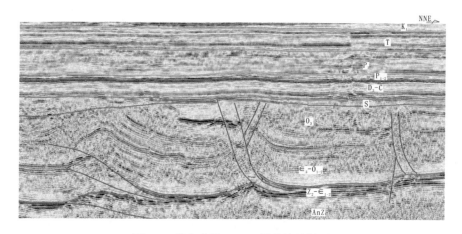

图 3-13 塔中南坡 476SN 测线地震剖面

2 井断裂带以东的中 3 井–塔中 4 井一带。这些地区在 T_7^4 界面形成以后，中–上奥陶统沉积期处于东南倾的斜坡构造部位，不时处于风化淋滤的状态。因此，该带的碳酸盐岩岩溶储层也较为发育。

(2) 海西早期(T_6^0 界面)岩溶储层

该现象主要与早–中泥盆世末的海西早期运动有关。由地震剖面可见，由于受海西早期运动的影响，塔中 I、II 号断裂和塔中 5 号断裂发生强烈压扭活动，造成断裂带内及其南侧的地层强烈抬升、剥蚀，从而使这些地方成为海西早期(T_6^0 界面)中–下奥陶统海相碳酸盐岩岩溶储层发育地点(见图 3-15~3-16)。

图 3-17 为塔中南坡海西早期运动(T_6^0 界面)碳酸盐岩岩溶储层分布图。由图可知，塔中南坡海西早期运动(T_6^0 界面)碳酸盐岩岩溶储层比较发育，分布面积较大，主要分布于三带一点：一是塔中 I、II 号断裂和塔中 5 号断裂带(该带受塔中 I、II 号断裂和塔中 5 号断裂的影响，中–下奥陶统被强烈抬升，长期处于风化淋滤的状态，因此碳酸盐岩岩溶储层也很发育)；二是前述中 3 井断裂带；三是塘古 1 井南侧断裂带；四是塔中 3 井北侧。这些地区受断裂压扭活动的影响，中–下奥陶统被强烈抬升，不时处于风化淋滤的状态，因此碳酸盐岩岩溶储层较为发育。

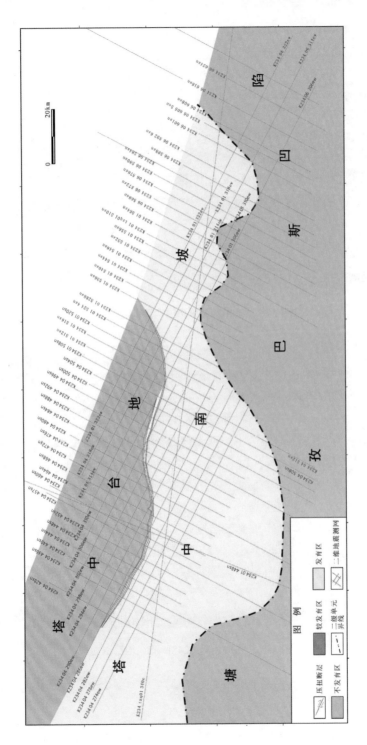

图 3-14　塔中南坡及邻区加里东中期Ⅰ幕岩溶分布图

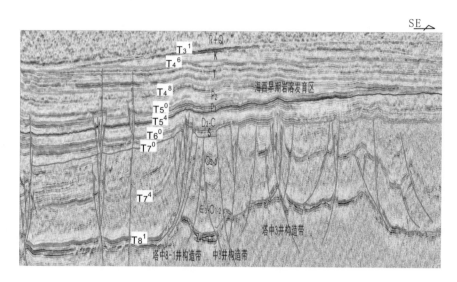

图 3-15　塔中南坡 340EW 测线地震剖面

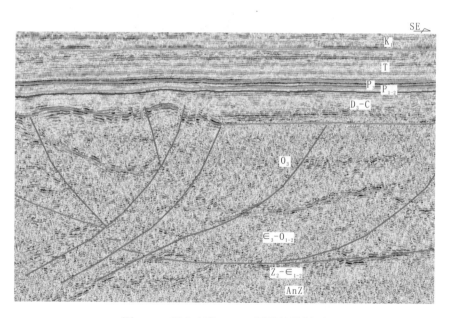

图 3-16　塔中南坡 624SN 测线地震剖面

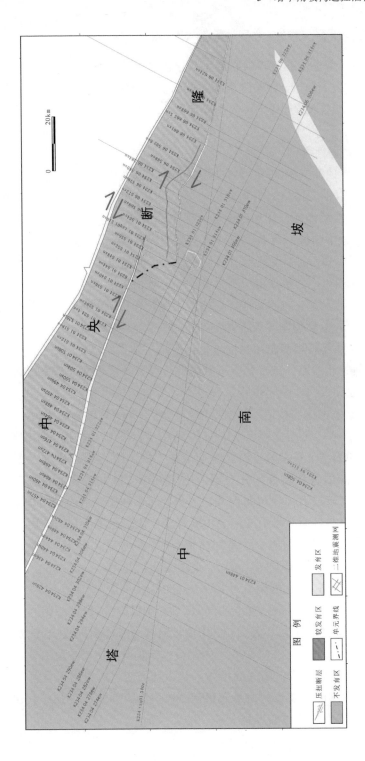

图 3-17 塔中南坡海西早期运动(T_6^0界面)碳酸盐岩岩溶储层分布图

3.2.2 碎屑岩地层、构造–地层与构造–岩性圈闭

勘探表明，塔里木盆地碎屑岩层系从志留系至第四系储盖组合发育，均不同程度发现了油气。台盆区塔北主要储盖组合为志留系至古近系，而塔中、巴楚、顺托果勒和巴楚–麦盖提地区主要集中在志留系、泥盆系和石炭系。

(1) 志留系岩性圈闭

台盆区已发现油气田(塔中 11)成藏特征是下寒武统至中、下奥陶统为烃源岩，塔中以柯坪塔格组为主要目的层，向南上倾超覆尖灭，以海西晚期及更早时期成藏为主，属于致密砂岩原生油气藏。

图 3-18 为塔中南坡志留系致密砂岩上倾超覆尖灭岩性圈闭有利发育区分布图。由图可知，塔中南坡志留系致密砂岩上倾超覆尖灭岩性圈闭比较发育，分布面积大，主要分布于两个带：一是塘北 2 井–塘参 1 井东南侧。该带处于低隆起部位，志留系柯坪塔格组上倾超覆尖灭明显，志留系柯坪塔格组致密砂岩上倾超覆尖灭岩性圈闭很发育。不利条件是，由于剥蚀作用强烈，中 3 井及其东侧志留系柯坪塔格组地层缺失明显。二是在塘北 2 井–塘参 1 井的北西侧。该带处于下斜坡的位置，志留系柯坪塔格组致密砂岩上倾超覆尖灭岩性圈闭也较发育。

(2) 上泥盆统构造和构造–地层圈闭

勘探表明，塔中上泥盆统已发现油气藏(中 1、塔中 4)以构造和构造–地层复合圈闭为主，基本属于海西晚期成藏。图 3-19 为塔中南坡上泥盆统构造–地层圈闭有利发育区分布图。由图可知，塔中南坡上泥盆统构造–地层圈闭比较发育，分布面积大，主要分布于两个带：一是由塔中Ⅰ、Ⅱ号断裂和塔中 5 号断裂带组成的中央断隆带。该带在泥盆系构造层发育背斜构造，构造圈闭很发育。二是在该带南侧的斜坡带，在 T_6^0 不整合面上发育上泥盆统东河塘组砂岩，构造–地层圈闭较发育。

(3) 石炭系构造–岩性圈闭

勘探表明，塔中石炭系已发现油气藏(塔中 4)以构造–岩性圈闭为主，属于海西晚期成藏。图 3-20 表明，塔中南坡石炭系岩性和构造–岩性圈闭比较发育，分布面积大，主要分布于两个带：一是前述由塔中Ⅰ、Ⅱ号断裂和塔中 5 号断裂带组成的中央断隆带，该带在石炭系构造层发育背斜构造，构造–岩性圈闭很发育；二是在该带西段南侧的斜坡带，石炭系砂岩上倾超覆尖灭岩性圈闭也较发育。

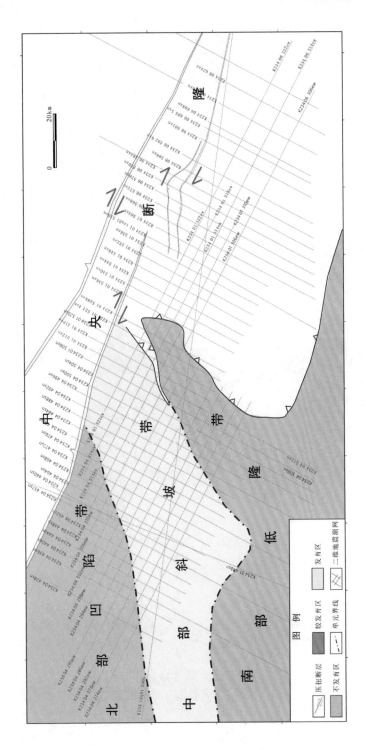

图 3-18　塔中南坡志留系致密砂岩上倾超覆尖灭岩性圈闭有利发育区分布

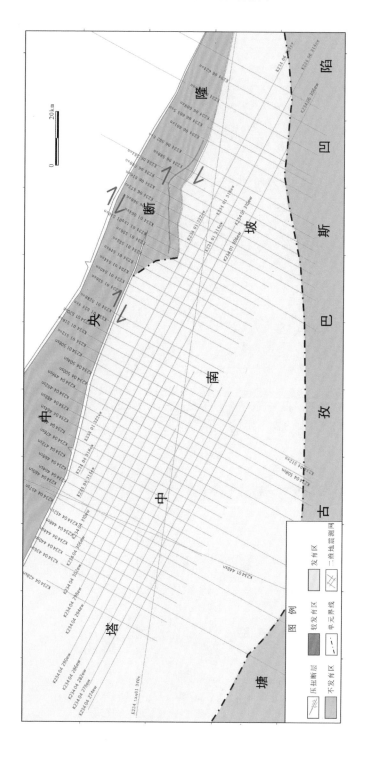

图 3-19 塔中南坡上泥盆统构造-地层圈闭有利发育区分布图

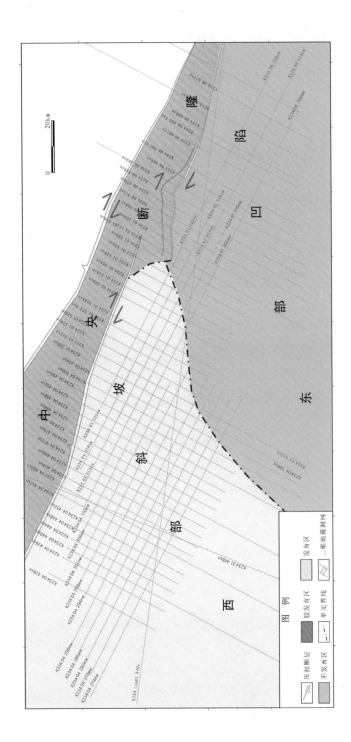

图 3-20 塔中南坡石炭系岩性和构造-岩性圈闭有利发育区分布图

4

塔中北坡断裂类型、断裂分布与主要断裂带特征

4.1 主要断裂类型

地震剖面分析表明，塔中北坡断层性质多样，既发育正断层、逆断层、张扭和压扭断层，又发育反转和负反转断层，且北坡西段以反转–压扭断层和张扭断层为主，东段以逆断层、负反转和张扭断层为主。同时，塔中北坡断层活动期次多，这些断层先后活动于早–中寒武世、中奥陶世末–晚奥陶世末、早志留世、早–中泥盆世末、晚泥盆世–石炭纪、早二叠世与早二叠世末–晚二叠世等地质历史时期。

4.1.1 正断层

塔中北坡的正断层活动于早–中寒武世和早二叠世。

(1) 早–中寒武世

地震剖面分析表明，塔中北坡早–中寒武世的正断层只有零星分布，数量较少，但在顺 1 井、顺 1 井西、顺南 1 井和古城等三维地震工区都有分布，以顺 1 井工区和古城工区最为发育。图 4-1 和 4-2 表明，古城等三维地震工区早–中寒武世伸展作用相对较强烈，正断层的断距相对较大，而顺南 1 井工区伸展作用相对较弱，正断层的断距相对较小。

(2) 早二叠世

地震剖面分析表明，塔中北坡早二叠世的正断层分布较广，在顺 1 井、顺 1 井西、顺南 1 井和古城等三维地震工区都有分布，但主要分布于顺西和顺托的北部。

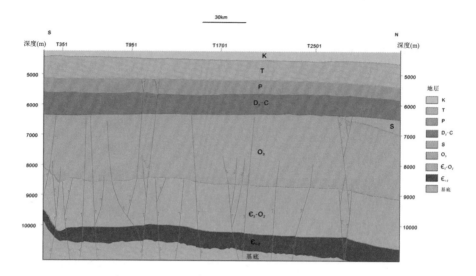

图 4-1 塔中北坡顺南地区 Sn2L480 测线三维地震剖面

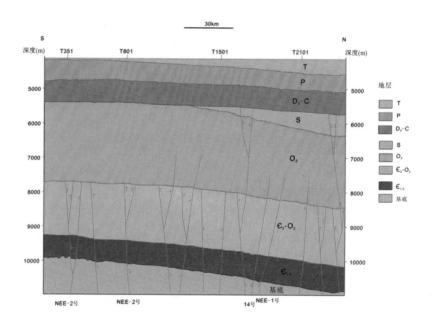

图 4-2 塔中北坡顺南地区 Sn1L2040 测线三维地震剖面

图 4-1 表明，塔中北坡在早二叠世发生构造伸展作用，形成了不少正断层，断层数量明显比早–中寒武世多，表明塔中北坡在早二叠世的构造伸展作用要比早–中寒武世强烈。

4.1.2 逆断层

逆断层发育于中奥陶世末–晚奥陶世末与早二叠世末–晚二叠世，后者主要分布于塔中I号断裂带。

(1) 中奥陶世末–晚奥陶世末

地震剖面分析表明，晚奥陶世末的逆断层主要分布于塔中北坡的东段，断层数量较少，主要表现为自北北西向南南东方向逆冲，或者自南南东向北北西方向逆冲，且断距较小(图 4-1，剖面最左侧)。

(2) 早二叠世末–晚二叠世

早二叠世末–晚二叠世的逆断层主要分布于西段和北部，在中–东段的古城和顺南 1 井三维地震工区基本不发育，主要分布于中–西段的顺脱果勒和顺西地区，且具有北强南弱的特征。

4.1.3 压扭断层

压扭断层活动于中奥陶世末–晚奥陶世末与早二叠世末–晚二叠世，以中奥陶世末–晚奥陶世末为主。

(1) 中奥陶世末–晚奥陶世末

地震剖面分析表明，塔中北坡晚奥陶世末的压扭断层主要分布于塔中I号断裂带及其北缘的顺南–古隆一带，数量较少且规模较小，主要有顺西 1-7 井断裂带、顺南断裂带和古南断裂带。另外，还有少量分布于顺西工区中部，即顺 2 井北断裂带。

剖面上，这些断层分布于 T_7^0 反射界面以下，断层产状很陡，主要表现为花状构造(王燮培和谢德宜，1989；Beidinger and Decker，2011)。组成花状构造的断层向南北两侧逆冲，表明压扭活动特征。同时，上奥陶统地层变形和剥蚀明显，表明断层主要活动于晚奥陶世末(图 4-2 和 4-3)。

(2) 早二叠世末–晚二叠世

地震剖面分析表明，早二叠世末–晚二叠世形成的北北西走向的压扭断层主要分布于塔中北坡的西段顺西和顺托果勒两区的北部，且具有北强南弱的构造变形特征。

　　总的来说，上述压扭断层产状非常陡，总体上呈"上陡下缓、直插基地"的棕榈树状，显示出压扭断层的特征。此外，这期变形产生的断层数量较多，但断距都较小。

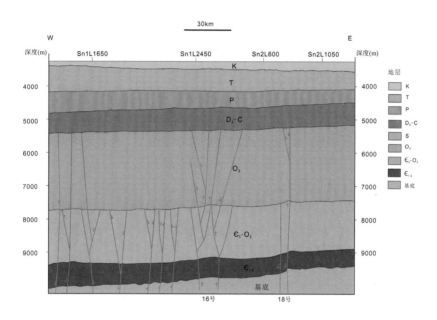

图 4-3　塔中北坡顺南地区 Sn1T520+Sn2T1600 测线三维地震剖面

4.1.4　张扭断层

　　张扭断层活动于早志留世和晚泥盆世−石炭纪。

　　(1) 早志留世

　　地震剖面分析表明，塔中北坡在早志留世时期发育张扭断层，且断层数量多，分布普遍，表明加里东晚期运动对塔中北坡地区的构造变形影响较大(图 4-1、4-2 和 4-4)。

　　(2) 晚泥盆世−石炭纪

　　地震剖面分析表明，塔中北坡在晚泥盆世−石炭纪仍然比较发育张扭断层，单条正断层产状很陡，具有负花状构造特征，张扭特征明显。同时，断层数量多，分布普遍，但断距普遍较小，表明海西早期运动对塔中北坡的构造变形有影响，但并不强烈(图 4-5)。

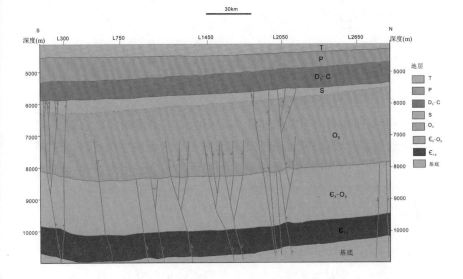

图 4-4　塔中北坡顺南地区 Sn1T1720 测线三维地震剖面

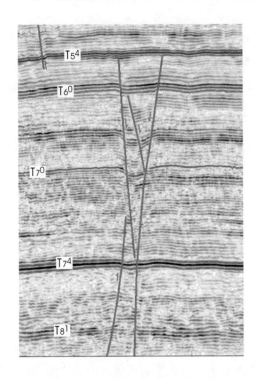

图 4-5　塔中北坡顺南 1 井工区 Trace640 测线三维地震剖面(剖面方向：左西右东)

4.1.5 反转与负反转断层

地震剖面分析表明，塔中北坡的反转断层发育于早二叠世末–晚二叠世，负反转断层主要发育于早志留世。

(1) 早志留世的负反转断层

该类断层是在晚奥陶世末受挤压作用影响形成的逆断层，它们在早志留世尽管遭受了区域性挤压，但局部构造伸展，从而发生负反转，逆断层转变成了正断层。这些断层在地震剖面上呈现出"上正、下逆"的活动特征。负反转断层在塔中北坡分布很普遍。

地震剖面分析表明，在早志留世，塔中地区处于挤压、拱张阶段，塔中北坡深部挤压、上部伸展(类似背斜核部伸展)，先前(晚奥陶世末)形成的逆断层发生构造反转，变成了正断层，即负反转断层。这种类型断层主要分布于北坡东段，因为在晚奥陶世末只有北坡中段发育北东东走向的逆断层，而到了早志留世，这些逆断层局部地段发生负反转，变成了正断层。这一过程在有些断层一直持续至晚泥盆世–早二叠世(图 4-1、4-2 和 4-4)。

早志留世，塔中北坡处于下部挤压、上部伸展的状态。在地震剖面上可见下志留统中断层的断距下大上小，同一套地层的厚度差也下大上小，表明断层对北坡下志留统的沉积有明显控制作用，从而表现出同沉积断层的特征。

(2) 早二叠世末–晚二叠世的反转断层

地震剖面分析表明，塔中北坡早二叠世末–晚二叠世的反转断层比较发育，但主要分布于北坡西段(图 4-6)。

图 4-6 表明，由于构造伸展作用，塔中北坡西段在早二叠世发育正断层；到了早二叠世末–晚二叠世，由于区域性的挤压作用，这些断层发生构造反转，变成了逆断层，在地震剖面上表现为下二叠统"下正上逆"，并发生明显褶皱变形的现象。从地层褶皱的幅度和范围来看，该期构造反转的强度不大。

以上分析表明，塔中北坡在早–中寒武世发育正断层，但断距较小。早–中寒武世末，由于受到挤压应力的作用，部分断层发生反转变成了逆断层。晚奥陶世，由于受到斜向挤压作用的影响，区域内发育压扭断层和逆断层。晚奥陶世末，由于受到东南方向挤压应力的作用，东段发育逆断层。早志留世，由于局部伸展和走滑，区域内发育北东向正断层和张扭断层。晚泥盆世–早二叠世，伸展作用加强，区域内发育了不少正断层。

早二叠世末–晚二叠世，由于受到较强的区域性挤压应力的作用，先前的正断层发生反转，变成了逆断层和压扭断层(表4-1)。

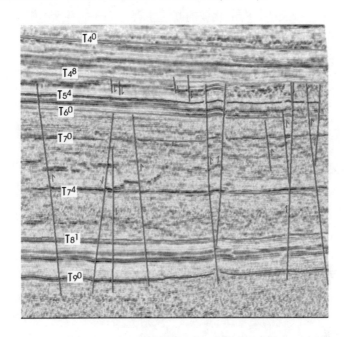

图4-6 塔中北坡Tz01-409.6sn测线二维地震剖面(剖面方向：左南右北)

表4-1 塔中北坡断层类型及活动特征一览表

序号	断层类型	活动时间	工区及典型剖面	备注
1	正断层	早–中寒武世、早志留世和晚泥盆世–早二叠世	顺1井工区Line960测线、顺1井西工区Line320测线、顺南1井工区Trace1280测、古城工区Line160测线	晚泥盆世–早二叠世最发育
2	逆断层	晚奥陶世末和早二叠世末–晚二叠世	顺1井工区Line960测线、顺南1井工区Line1920测线、顺1井西工区Trace960测线三维地震剖面	早二叠世末–晚二叠世最发育
3	压扭断层	晚奥陶世和早二叠世末–晚二叠世	顺南1井工区Trace1600测线测线、顺1井西工区Trace800测线	早二叠世末–晚二叠世最发育
4	张扭断层	早志留世	顺南1井工区Trace640测线	
5	反转断层	早二叠世末–晚二叠世	古城工区Trace480测线、顺1井西工区Trace960测线、顺1井西工区Trace1120测线	早二叠世末–晚二叠世最发育
6	负反转断层	早志留世和晚泥盆世–早二叠世	顺1井西工区Trace1120测线、顺南1井工区Line2240测线	

4.2　不同构造层断层分布特征

地震剖面分析表明，塔中北坡的断层主要分布于古生界构造层，且东、西分布差异明显。西段寒武系、奥陶系、志留系和上泥盆统–二叠系构造层断层很发育；东段上泥盆统–二叠系构造层断层不发育，断层主要分布于奥陶系和志留系构造层，其次为寒武系构造层。

平面上，塔中北坡主要发育有北东向、北西向、北北西向与北东东向四种走向的断层。其中，北东向张扭断层具有"南北分段"和"左旋左列"的特征，全区均有分布；北西向压扭断层具有扫帚状展布的特征，主要分布于北坡南侧塔中I号断裂带和北坡西段；北北西向反转–压扭断层具有左列特征，主要分布于西段；北东东向逆断层则主要分布于北坡东段。

从断层规模来看，主要为三、四级断层，因为这些断层并不控制构造单元，只控制构造带或局部构造。

4.2.1　下古生界

(1) 中–下寒武统构造层(底界为 T_9^0 反射界面)

图 4-7 为塔中北坡及邻区的中–下寒武统构造层(底界为 T_9^0 反射界面)断层分布图。由图可知，塔中北坡中–下寒武统构造层主要发育三组断层，即北西向、北东向和北东东向断层，以北东向断层为主。北西向压扭断层主要沿着塔中I号断裂带分布，涉及顺西区块、顺南区块南部和古城区块的南部。

另外，在远离塔中I号断裂带的北侧也有少量的断层分布，主要有顺西1-7井断裂带、顺2井北断裂带、顺南断裂带和古南断裂带。

上述北西向断层始于中奥陶世，主要形成于晚奥陶世，在晚奥陶世末活动较强烈。由于抬升剥蚀和沿着断裂的溶蚀作用，北西向断层对塔中北坡顺西区块的加里东中期I、II幕表生岩溶储层和溶缝型岩溶储层的发育具有重要控制作用。

图 4-7 表明，北东向断层在塔中北坡最为发育，自东向西主要有：古隆1井断裂带、古隆1井西断裂带、顺南2井断裂带、顺南2井东断裂带、顺南4井断裂带、顺南1井断裂带、顺南3井断裂带、顺1井断裂带、顺10井西断裂带、顺西2井断裂带、阿满2井断裂带和顺2井断裂带等。这些断层主要形成于加里东晚期，即早志留世，在海西早期继续活动，因

而对塔中北坡加里东晚期和海西早期溶缝型岩溶储层的发育具有重要控制作用。

图 4-7 表明,在塔中北坡的东段,即顺南至古城一带,还发育有大量北东东走向的逆断层。这些断层倾向南南东或北北西,长为 5~23 km,包括顺南 1-4 井断裂带和古隆 1-3 井断裂带,主要形成于晚奥陶世末期。

(2) 上寒武统–中奥陶统构造层(底界为 T_8^1 反射界面)

图 4-8 为塔中北坡及邻区上寒武统–中奥陶统构造层(底界为 T_8^1 反射界面)断层分布图。由图可知,塔中北坡上寒武统–中奥陶统构造层主要发育三组断层,即北西向、北东向和北东东向断层,以北东向断层为主。其中,北西向压扭断层主要沿着塔中I号断裂带分布,涉及顺西区块、顺南区块南部和古城区块的南部,包括顺西 1-7 井断裂带、顺 2 井北断裂带、顺南断裂带和古南断裂带。断层对这些地区加里东中期I、II幕形成的的表生岩溶储层和溶缝型岩溶储层的发育具有重要控制作用。

图 4-8 表明,北东向断层在塔中北坡最为发育,自东向西沿着多个断裂带发育,主要有:古隆 1 井断裂带、古隆 1 井西断裂带、顺南 2 井断裂带、顺南 2 井东断裂带、顺南 4 井断裂带、顺南 1 井断裂带、顺南 3 井断裂带、顺 1 井断裂带、顺 10 井西断裂带、顺西 2 井断裂带、阿满 2 井断裂带和顺 2 井断裂带等。北东向断层对塔中北坡上寒武统–中奥陶统构造层(底界为 T_8^1 反射界面)加里东晚期和海西早期溶缝型岩溶储层的发育具有重要控制作用。

此外,塔中北坡上寒武统–中奥陶统构造层(底界为 T_8^1 反射界面)还发育一些北东东走向的逆断层,主要有顺南 1-4 井断裂带和古隆 1-3 井断裂带。这些断层倾向北北西或南南东,形成于晚奥陶世末,主要分布于顺南 1 井东侧,对顺南 1 井三维地震工区的东部及其以东的古城等地的加里东中期II幕溶缝型岩溶储层的发育具有重要控制作用。

(3) 上奥陶统构造层(底界为 T_7^4 反射界面)

图 4-9 为塔中北坡及邻区上奥陶统构造层(底界为 T_7^4 反射界面)断层分布图。由图可知,塔中北坡上奥陶统构造层的断层非常发育,主要有四组断层,即北西向、北东向、北北西和北东东向向断层,以北东向断层为主。

图 4-9 表明,北西向压扭断层主要分布于顺西区块、顺南区块南部和古城区块的南部,主要有顺西 1-7 井断裂带、顺 2 井北断裂带、顺南断裂带和古南断裂带,断层对这些地区加里东中期I、II幕形成的的表生岩溶储

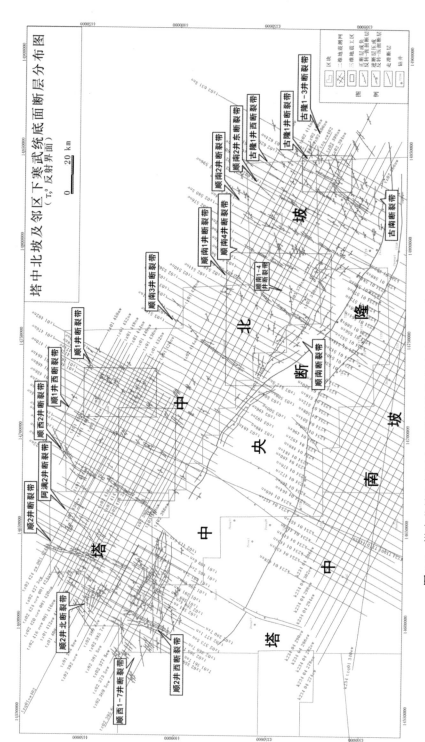

图 4-7　塔中北坡及邻区中—下寒武统构造层(底界为 T_9^0 反射界面)断层分布图

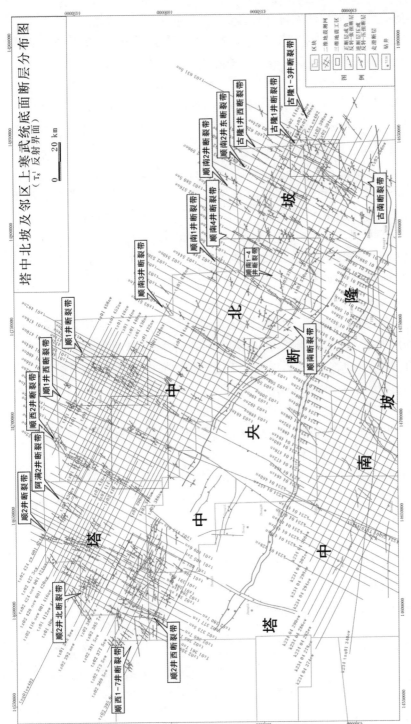

图 4-8 塔中北坡及邻区上寒武统—中奥陶统构造层(底界为 T_8^1 反射界面)断层分布图

层和溶缝型岩溶储层的发育具有重要控制作用。

北东向断层全区均有分布，自东向西主要有：古隆 1 井断裂带、古隆 1 井西断裂带、顺南 2 井断裂带、顺南 2 井东断裂带、顺南 4 井断裂带、顺南 1 井断裂带、顺南 3 井断裂带、顺 1 井断裂带、顺 10 井西断裂带、顺西 2 井断裂带、阿满 2 井断裂带和顺 2 井断裂带等。这些断层对塔中北坡上寒武统–中奥陶统构造层(底界为 T_8^1 反射界面)海西早期溶缝型岩溶储层的发育具有重要控制作用。

北北西向断层主要分布于北坡西段顺西和顺脱果勒地区的北部，自西向东有：顺 2 井西断裂带、顺 7 井北断裂带、顺西 2 井西断裂带、顺 9 井断裂带和顺 9 井北断裂带等。这些断层有一部分形成于晚泥盆世–早二叠世，为正断层，还有一部分形成于早二叠世末–晚二叠世，为反转断层、逆断层和压扭断层。这些断层对塔中北坡上寒武统–中奥陶统构造层(底界为 T_8^1 反射界面)海西早期溶缝型岩溶储层、志留纪裂缝性碎屑岩储层的发育具有重要控制作用。

此外，塔中北坡东段上奥陶统构造层(底界为 T_7^4 反射界面)北东东走向的逆断层发育，主要有顺南 1~4 井断裂带和古隆 1~3 井断裂带。断层对顺南 1 井三维地震工区–古城三维工区一带的加里东中期II幕溶缝型岩溶储层的发育具有重要控制作用。

(4) 志留系构造层(底界为 T_7^0 反射界面)

塔中北坡志留系构造层(底界为 T_7^0 反射界面)在东段缺失，地层主要分布于顺南 1 井及其西侧和北侧。

图 4-10 为塔中北坡及邻区志留系构造层(底界为 T_7^0 反射界面)断层分布图。由图可知，塔中北坡志留系构造层的断层主要分布于北坡西段，包括三组断层，即北西向、北东向和北北西向断层，以北北西向和北东向断层为主。

图 4-10 表明，北西向压扭断层主要分布于顺西区块，即顺西 1-7 井断裂带。断层对这些地区加里东中期I、II幕形成的的表生岩溶储层和溶缝型岩溶储层的发育具有重要控制作用。

上述断层中，北东向张扭断层自东向西主要有：顺南 3 井断裂带、顺 1 井断裂带、顺 10 井西断裂带、顺西 2 井断裂带、阿满 2 井断裂带和顺 2 井断裂带等。另外，顺南 2 井东断裂带、顺南 4 井断裂带、顺南 1 井断裂带也有分布，但长度很短。这些断层对志留系裂缝性碎屑岩储层的发育具有重要控制作用。

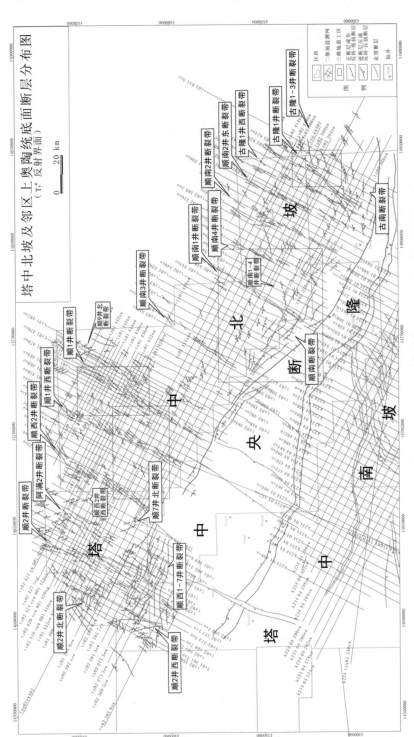

图 4-9 塔中北坡及邻区上奥陶统陶组构造层(底界为 T_7^4 反射界面)断层分布图

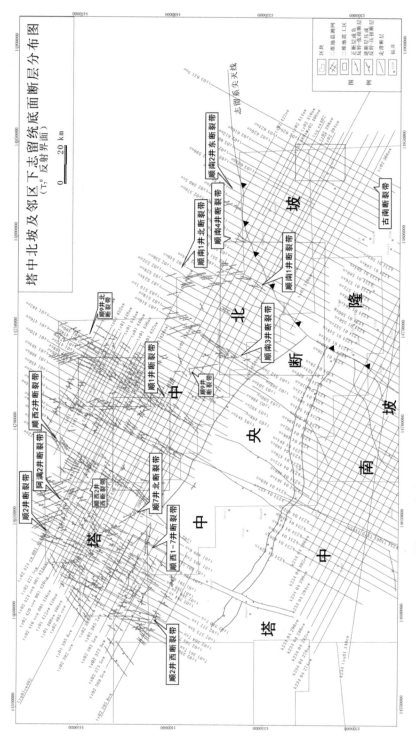

图 4-10 塔中北坡及邻区志留系构造层(底界为 T_7^0 反射界面)断层分布图

上述断层中，北北西向反转–压扭断层自西向东主要有：顺 2 井西断裂带、顺 7 井北断裂带、顺西 2 井西断裂带、顺 9 井断裂带、顺 9 井北断裂带和顺南 1 井北断裂带等。这些断层对志留系裂缝性碎屑岩储层的发育具有重要控制作用。

4.2.2 上古生界

(1) 上泥盆统–石炭系构造层(底界为 T_6^0 反射界面)

图 4-11 为塔中北坡及邻区上泥盆统–石炭系构造层(底界为 T_6^0 反射界面)断层分布图。由图可知，塔中北坡上泥盆统–石炭系构造层的断层以北坡中–西段最为发育，主要发育 3 组断层，即北东向、北北西向与北西向断层，以北北西向断层为主。

图 4-11 表明，北东向张扭断层主要发育于北坡西段，自东向西包括：顺 1 井断裂带、阿满 2 井断裂带和顺 2 井断裂带等。这些断层对志留系裂缝性碎屑岩储层的发育具有重要控制作用。

北北西向正断层、逆断层、反转–压扭断层在塔中北坡较发育，且北坡西段以逆断层、反转–压扭断层为主，自西向东包括：顺 2 井西断裂带、顺 7 井北断裂带、顺西 2 井西断裂带、顺 9 井断裂带和顺 9 井北断裂带等；东段以正断层为主，自东向西包括：古隆 1 井断裂带、古隆 1 井西断裂带、顺南 2 井断裂带、顺南 2 井东断裂带、顺南 4 井断裂带、顺南 1 井断裂带、顺南 3 井断裂带。

北北西向断层实际上是北东向断层的次级断层。例如，在顺南 1 井三维地震工区，北东向的顺南 1 井断层派生了许多北北西向的次级断层，这些派生断层数量很多，但断距小，延伸长度短，断层规模较小。此外，也有类似的断层分布于顺 1 井、顺 1 井西等三维工区。

北西向压扭断层主要分布于顺西区块，即顺西 1-7 井断裂带，断层对志留系裂缝性碎屑岩储层的发育具有重要控制作用。

(2) 二叠系构造层(底界为 T_5^4 反射界面)

图 4-12 为塔中北坡及邻区二叠系构造层(底界为 T_5^4 反射界面)断层分布图。由图可知，塔中北坡二叠系构造层的断层数量明显减少，且主要分布于北坡中–西段，发育 3 组断层，即北东向、北北西向和北西向断层，以北北西向断层为主。

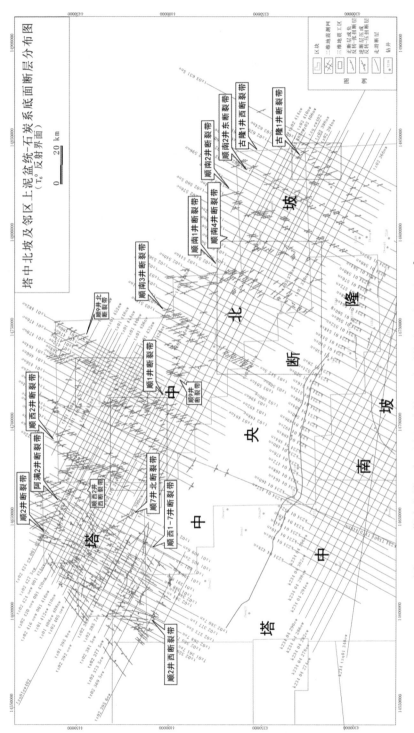

图 4-11 塔中北坡及邻区上泥盆统—石炭系构造层(底界界为 T_6^0 反射界面)断层分布图

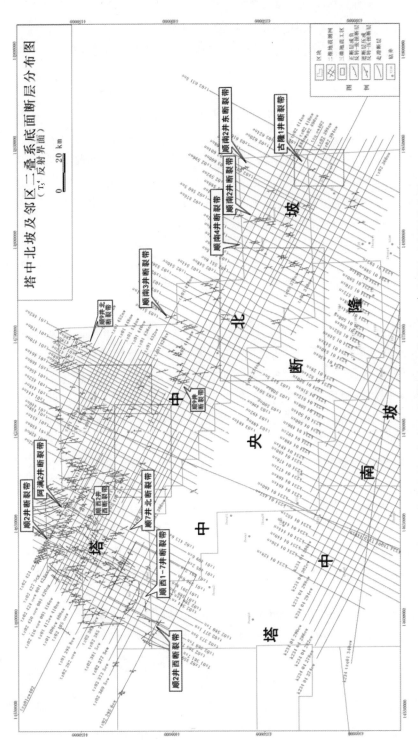

图 4-12　塔中北坡及邻区二叠系构造层(底界为 T_5^4 反射界面)断层分布图

图 4-12 表明，北东向张扭断层主要发育于北坡西段，自东向西包括：顺 1 井断裂带、阿满 2 井断裂带等。这些断层对志留系裂缝性碎屑岩储层的发育具有重要控制作用。

北北西向正断层、逆断层、反转–压扭断层在塔中北坡数量明显减少，且北坡西段以逆断层、反转–压扭断层为主，自西向东包括：顺 2 井西断裂带、顺 7 井北断裂带、顺西 2 井西断裂带、顺 9 井断裂带和顺 9 井北断裂带等；东段以正断层为主，自东向西包括：古隆 1 井断裂带、顺南 2 井东断裂带、顺南 2 井断裂带、顺南 4 井断裂带、顺南 3 井断裂带等。

北西向压扭断层主要分布于顺西区块，即顺西 1-7 井断裂带，断层对志留系裂缝性碎屑岩储层的发育具有重要控制作用。

4.3　主要断裂带特征

前已述及，塔中北坡主要发育四组断层，即北西向、北东向、北东东向和北北西向断层。其中，北东向断层主要沿 12 个断裂带分布，并具有分段的特征；北西向断层主要沿 4 个断裂带分布；北北西向断层主要分布于西段顺西和顺脱果勒地区，沿 6 个北北西向断裂带和 6 个北东向断裂带展布；北东东向断层主要沿着 2 个断裂带分布(图 4-7~4-12，表 4-1)。

4.3.1　北东向断裂带

北东向断裂带自东向西包括：古隆 1 井断裂带、古隆 1 井西断裂带、顺南 2 井东断裂带、顺南 2 井断裂带、顺南 2 井西断裂带、顺南 1 井断裂带、顺南 3 井断裂带、顺 1 井断裂带、顺 10 井西断裂带、顺西 2 井断裂带、阿满 2 井断裂带和顺 2 井断裂带。这些断层都具有分段的特征(图 4-7~4-12，表 4-2)。

(1) 古隆 1 井、古隆 1 井西、顺南 2 井东、顺南 2 井断裂带

这些断层均发育于古城地区及其西侧，走向北东，倾向北西或南东，长 4~25 km，在 T_7^4、T_8^1、T_9^0 等断层分布图上均有体现(图 4-7~4-12，表 4-2)。

　　图 4-7~4-12 表明，古隆 1 井断裂带自古隆 1 井南侧向北东方向延伸至古隆 2 井北侧，可以分为 5 段，相互之间具有左列特征。其中，逆断层/压扭断层 4 段，正断层或张扭断层 1 段，以逆断层/压扭断层为主；每段均由 1~2 条正断层或张扭断层或逆断层/压扭断层组成。

　　古隆 1 井西断裂带位于古隆 1 井西侧，整体呈北东走向，可以分为 7 段，相互之间具有左列特征。其中，逆断层/压扭断层 6 段，正断层或张扭断层 1 段，以逆断层/压扭断层为主；每段均由 1~3 条正断层或张扭断层或逆断层/压扭断层组成。

　　顺南 2 井东断裂带位于顺南 2 井东侧，整体呈北东走向，也可以分为 7 段，相互之间具有左列特征。其中，逆断层/压扭断层 5 段，正断层或张扭断层 2 段，以逆断层/压扭断层为主；每段均由 1~3 条正断层或张扭断层或逆断层/压扭断层组成。

表 4-2　塔中北坡北东向主要断裂带一览表

序号	断层名	走向	倾向	长度(km)	平面排列	剖面形态	活动时间	级别	主要控制测线
1	古隆 1 井断裂带	NE	NW/SE	70~80	左列	"Y"	O_3-P_1	III级	
2	古隆 1 井西断裂带	NE	NW/SE	80~95	左列	"Y"	O_3-P_1	III级	TZ03-370nw
3	顺南 2 井东断裂带	NE	NW/SE	80~95	左列	"Y"	O_3-P_1	III级	
4	顺南 2 井断裂带	NE	NW/SE	80~95	左列	"Y"	O_3-P_1	III级	
5	顺南 2 井西断裂带	NE	NW/SE	25~35	左列	"Y"	O_{2+3}-D_{1+2}	III级	
6	顺南 1 井断裂带	NE	NW/SE	65~75	左列	"Y"	O_3-P_2	III级	TZ02-386nw
7	顺南 3 井断裂带	NE	NW/SE	60~70	左列	"Y"	O_3-P_2	III级	
8	顺 1 井断裂带	NE	NW/SE	>100	左列	"Y"	O_3-T	III级	
9	顺 10 井西断裂带	NE	NW/SE	>100	左列	"Y"	O_3-T	III级	
10	顺西 2 井断裂带	NE	NW/SE	60~75	左列	"Y"	O_3-T	III级	TZ01-440nw
11	阿满 2 井断裂带	NE	NW/SE	70~80	左列	"Y"	O_3-P_2	III级	TZ01-402ew
12	顺 2 井断裂带	NE	NW/SE	70~80	左列	"Y"	O_3-P_2	III级	

剖面上，古隆 1 井断裂带、古隆 1 井西断裂带与顺南 2 井东断裂带均隐伏于 T_6^0 反射界面之下，且这些断层对北坡地层的厚度控制不明显，表明断层形成于奥陶系沉积之后。同时，各断裂带均具有正花状/负花状构造或"Y"字型构造的特征(图 4-13)，表明早志留世张扭与早–中泥盆世末压扭构造活动的特征。

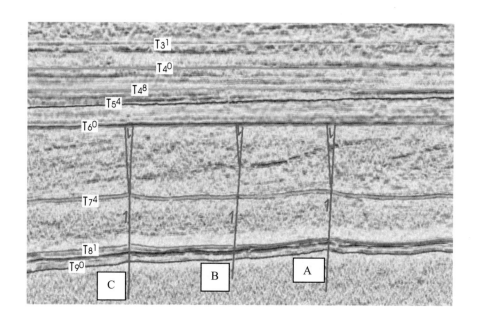

图 4-13　塔中北坡 TZ03-370nw 测线二维地震剖面(剖面方向：左西右东)

综合考虑，古隆 1 井断裂带、古隆 1 井西断裂带与顺南 2 井断裂带可能都形成于晚奥陶世，定型于早–中泥盆世，具有负反转构造的特征。

(2) 顺南 2 井、顺南 4 井、顺南 1 井和顺南 3 井断裂带

该断裂带发育于顺南 1 井及其两侧，分布于 T_5^4 以下，长 55~75 km。由 1~3 条断层组成，倾向东或西，长 25~75 km(图 4-7~4-12，表 4-2)。

图 4-7~4-12 表明，顺南 2 井断裂带自南西向北东方向延伸，经过顺南 2 井，可以分为 9 段，相互之间具有左列特征。其中，逆断层/压扭断层 2 段，正断层或张扭断层 7 段，以正断层或张扭断层为主，每段均由 1~3 条正断层或张扭断层或逆断层/压扭断层组成。

顺南 4 井断裂带自南西向北东方向延伸，经过顺南 4 井，可以分为 6

段，相互之间具有左列特征。其中，逆断层/压扭断层 2 段，正断层或张扭断层 4 段，以正断层或张扭断层为主，每段均由 1~3 条正断层或张扭断层或逆断层/压扭断层所组成。

　　顺南 1 井断裂带自南西向北东方向延伸，经过顺南 1 井，可以分为 5 段，相互之间具有左列特征。其中，逆断层/压扭断层 2 段，正断层或张扭断层 3 段，以正断层或张扭断层为主，每段均由 1~2 条正断层或张扭断层或逆断层/压扭断层组成。

　　顺南 1 井断裂带自南西向北东方向延伸，经过顺南 3 井，可以分为 3 段，相互之间具有左列特征。其中，逆断层/压扭断层 2 段，正断层或张扭断层 1 段，以逆断层/压扭断层为主，每段均由 1~2 条正断层或张扭断层或逆断层/压扭断层组成。

　　剖面上，顺南 2 井、顺南 4 井、顺南 1 井与顺南 3 井断裂带均隐伏于 T_5^4 反射界面之下，断层对志留系的厚度控制明显，表明断层在志留系沉积时期的活动性。同时，各断裂带均具有负花状构造或"Y"字型构造的特征(图 4-14)，表明早志留世时期张扭构造活动的特征。同时，其左行特征也很明显。

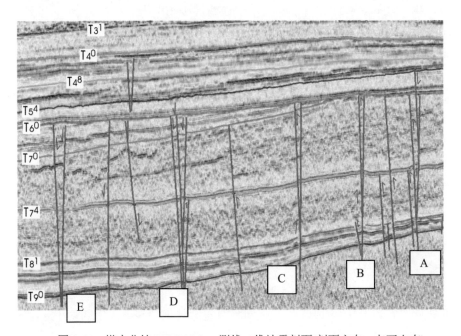

图 4-14　塔中北坡 TZ02-386nw 测线二维地震剖面(剖面方向：左西右东)

　　此外，顺南 4 井断裂带与顺南 1 井断裂带还对奥陶系的变形有控制作用(图 4-14)。综合考虑，顺南 2 井西断裂带、顺南 1 井断裂带可能形成最早(晚奥陶世)，而顺南 3 井断裂带形成稍晚，最早形成于早志留世。

　　(3) 顺 1 井、顺 10 井西与顺西 2 井断裂带

　　该断裂带发育于顺 1 井西侧，分布于 T_6^0 以下构造层，长 55~75 km；由 2 条以上断层组成，主干断层倾向东或西，长 6~100 km(图 4-7~4-12，表 4-2)。

　　图 4-7~4-12 表明，顺 1 井断裂带自南西向北东方向延伸，经过顺 1 井西侧，可以分为 10 段，相互之间具有左列特征。其中，逆断层/压扭断层 1 段，混合类型断层 7 段，正断层或张扭断层 2 段，以混合类型断层为主；每段均由 1~3 条正断层或张扭断层或逆断层/压扭断层组成。

　　顺 10 井西断裂带自南西向北东方向延伸，经过顺 9 井、顺 10 井西侧，可以分为 9 段，相互之间具有左列特征。其中，逆断层/压扭断层 4 段，正断层或张扭断层 5 段，以正断层或张扭断层为主；每段均由 2~4 条正断层或张扭断层或逆断层/压扭断层组成。

　　顺西 2 井断裂带自南西向北东方向延伸，经过顺西 2 井，可以分为 6 段，相互之间具有左列特征。其中，逆断层/压扭断层 1 段，混合类型断层 3 段，正断层或张扭断层 2 段，以混合类型断层为主；每段均由 3~7 条正断层或张扭断层或逆断层/压扭断层组成。

　　剖面上，顺 1 井断裂带、顺 10 井西断裂带与顺西 2 井断裂带隐伏于 T_5^0 或 T_4^6 反射界面之下，断层对志留系、上泥盆统–二叠系和三叠系的变形控制明显，表明断层在志留系–三叠系沉积时期的长期活动性。同时，各断裂带深部断距均较小，而上部断距较大，且地层褶皱强烈，显示出强烈的反转活动的特征(图 4-15)，表明早志留世–早二叠世张扭、早二叠世末–晚二叠世反转–压扭的构造活动特征。

　　(4) 阿满 2 井断裂带和顺 2 井断裂带

　　该断裂带发育于顺西 1 井、顺 2 井、顺 7 井北侧，顺西 2 井西侧，隐伏于 T_6^0 及以下构造层，长 55~75 km；由 2 条以上断层组成，主干断层倾向东或西，长 50~95 km(图 4-7~4-12，表 4-2)。

　　图 4-7~4-12 表明，阿满 2 井断裂带自南西向北东方向延伸，经过顺 7 井东侧，可以分为 9 段，相互之间具有左列特征。其中，逆断层/压扭断层 4 段，正断层或张扭断层 5 段，以正断层或张扭断层为主；每段均由 1~3 条正断层或张扭断层或逆断层/压扭断层组成。

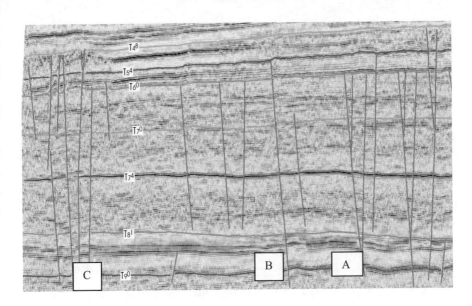

图 4-15 塔中北坡 TZ01-440nw 测线二维地震剖面(剖面方向：左西右东)

顺 2 井断裂带自南西向北东方向延伸，经过顺 2 井，可以分为 8 段，相互之间具有左列特征。其中，逆断层/压扭断层 6 段，正断层或张扭断层 2 段，以逆断层/压扭断层为主；每段均由 1~4 条断层组成。

剖面上，阿满 2 井断裂带和顺 2 井断裂带对三叠系及以下地层的变形差异控制明显，且各断裂带均具有花状构造或负花状构造的特征，表明表明早志留世–早二叠世张扭、早二叠世末–晚二叠世反转-压扭的构造活动特征。

4.3.2 北西向断裂带

该断裂带主要沿着塔中I号断裂带及其北侧发育，自南向北、自东向西依次为顺南断裂带、顺西 1~7 井断裂带(塔中I号断裂带西段)和顺 2 井北断裂带等 3 个主要的断裂带(图 4-7~4-12，表 4-3)。

(1) 顺南断裂带

该断裂带分布于塔中 29 井北侧，主要由 3 条逆断层组成，倾向北东或南西，长 20~40 km，属于塔中I号断裂带(图 4-7~4-12，表 4-3)。

剖面上，顺南断裂带也隐伏于 T_6^0 反射界面之下，断层仅对上泥盆统–石炭系以下地层的变形具有明显的控制作用，表明断层形成于晚泥盆世–石炭纪之前。同时，该断裂带还具有花状构造的特征，表明其压扭活动的性质。

由于顺南断裂带分布于塔中I号断裂带，且走向背斜，具有花状变形特征，因此推断其形成时期与塔中I号断裂带相同，为晚奥陶世。断层活动于晚奥陶世末达到高峰。

(2) 顺西 1-7 井断裂带

该断裂带分布于顺西 1 井南侧，主要由 5 条逆断层组成，倾向北东或南西，长 9~55 km，属于塔中I号断裂带(图 4-7~4-12，表 4-3)。

剖面上，顺西 1-7 井断裂带主要隐伏于 T_7^0 反射界面之下，部分隐伏于 T_6^0 反射界面之下，只有一条断层隐伏于 T_4^8 反射界面之下，表明断层开始形成于奥陶系沉积之后，在早志留世、早–中泥盆世和二叠纪时期仍有活动。同时，该断裂带还具有复杂的"y"字型断层的特征，表明其压扭构造活动的性质。

可见，该断裂带的情况与顺南断裂带相同，均为晚奥陶世的压扭断层。

(3) 顺 2 井北断裂带

该断裂带分布于顺西 1 井–顺 2 井北侧、顺西 2 井西侧，分别由多条逆断层组成，倾向北东或南西。其中，位于南部的为顺 2 井北I号断裂带，断裂带长达 50 km；位于其北侧的为顺 2 井北II号断裂带，长约 40 km(图 4-7~4-12，表 4-3)。

表 4-3　塔中北坡北西向主要断裂带一览表

序号	断层名	走向	倾向	长度(km)	平面形态	剖面形态	活动时间	级别	主要控制测线
1	顺南断裂带	NW	NE/SW	35~80	弧形	"y"	O_3-D_{1+2}	III级	TZ02-580.5ne
2	顺西 1-7 井断裂带	NW	NE/SW	50~60	弧形	"y"	O_3-D_{1+2}	III级	TZ02-380.7ne TZ01-401.2sn TZ03-484ne
3	顺 2 井北断裂带	NW	NE/SW	50~60	弧形	"y"	O_3-D_{1+2}	III级	

剖面上，顺 2 井北断裂带主要隐伏于 T_6^0 反射界面之下，部分隐伏于 T_4^8 反射界面之下，并具有花状构造的特征，表明断层开始形成于奥陶系沉积之后，在早志留世、早–中泥盆世和二叠纪时期仍有活动。

4.3.3 北北西向断裂带

研究表明，北北西向断裂带分布于塔中北坡的中、西段，断层数量较多，但延伸长度短，规模较小，主要为III~IV级断层，包括顺 2 井西、顺 7 井北、顺西 2 井西、顺 9 井、顺 9 井北和顺南 1 井北带等 6 条断裂带。此外，还有 8 条走向北西、沿北东方向展布的断裂带，即顺西 2 井、顺南 3 井、顺 1 井、顺南 4 井、顺南 2 井、顺南 2 井东、古隆 1 井西和古隆 1 井等断裂带(图 4-7~4-12，表 4-4 和 4-5)。

上述断层中，顺 1 井、顺 1 井西和顺南、古隆区块的北北西向断层沿着早期形成的三条北东向断层分布，属于这些北东向断层的次级断层，在此不再赘述。

(1) 顺 2 井西断裂带

该断裂带发育于顺 2 井西侧，隐伏于 T_5^0 及以下构造层，长 23~26 km。主要由 8 条断层组成，断层倾向北东东或南西西(图 4-7~4-12，表 4-4 和 4-5)。

图 4-7~4-12 表明，顺 2 井西断裂带主要由逆断层和反转–压扭断层组成，它们部分初始形成于晚–泥盆世至早二叠世，早二叠世末–晚二叠世发生反转，变成了反转–压扭断层。

剖面上，顺 2 井西断裂带对二叠系及以下地层的变形差异控制明显，且既具有反转构造的特征，又具有花状构造的特征，分别形成于晚泥盆世–早二叠世与早二叠世末–晚二叠世，后者为反转–压扭构造。

(2) 顺 7 井北与顺西 2 井西断裂带

该断裂带发育于顺 2 井以北、顺西 2 井以西，隐伏于 T_5^0 及以下构造层，长分别为 20~21 km 与 30~35 km(图 4-7~4-12，表 4-4 和 4-5)。

图 4-7~4-12 表明，顺 7 井北断裂带主要由 5 条北北西向断层组成，断层倾向北东东或南西西，部分为正断层，但主要为逆断层或反转–压扭断层，后者初始形成于晚–泥盆世至早二叠世，在早二叠世末–晚二叠世发生反转，变成了反转–压扭断层。

表 4-4　塔中北坡北北西向主要断裂带一览表(T_7^0反射界面)

序号	断层名	走向	倾向	长度(km)	平面形态	剖面形态	活动时间	级别	主要控制测线
1	顺2井西断裂带	NNW	NEE/SWW	23~26	直线形	"y"	D_3-P2	III级	TZ02-369.5ew
2	顺7井北断裂带	NNW	NEE/SWW	20~21	直线形	"y"	D_3-P2	III级	TZ01-395.8ew
3	顺西2井西断裂带	NNW	NEE/SWW	30~35	直线形	"y"	D_3-P2	III级	TZ02-396.6sn
4	顺9井断裂带	NNW	NEE/SWW	28~30	直线形	"y"	D_3-P2	III级	TZ01-436nw
5	顺9井北断裂带	NNW	NEE/SWW	22~25	直线形	"y"	D_3-P2	III级	TZ01-482ne
6	顺南1井北断裂带	NNW	NEE/SWW	25~28	直线形	"y"	D_3-P2	III级	TZ01-540ne

剖面上，顺7井北断裂带对二叠系及以下地层的变形差异控制明显，且既具有反转构造的特征，又具有花状构造的特征，分别形成于晚泥盆世–早二叠世与早二叠世末–晚二叠世，后者为反转–压扭构造。

顺西2井西断裂带断层数量多，延伸长，规模大。主要由19条北北西向断层组成，断层倾向北东东或南西西，部分为正断层，但主要为逆断层或反转–压扭断层，后者初始形成于晚–泥盆世至早二叠世，在早二叠世末–晚二叠世发生反转，变成了反转–压扭断层。

剖面上，顺西2井西断裂带对二叠系及以下地层的变形差异控制明显，且既具有反转构造的特征，又具有花状构造的特征，分别形成于晚泥盆世–早二叠世与早二叠世末–晚二叠世，后者为反转–压扭构造。

(3) 顺9井与顺9井北断裂带

该断裂带发育于顺脱果勒地区，隐伏于 T_5^0 及以下构造层，分别长 28~30 km 与 22~25 km(图 4-7~4-12，表 4-4 和 4-5)。

表 4-5 塔中北坡北北西向主要断裂带一览表(T_6^0 反射界面)

序号	断层名	走向	倾向	长度(km)	平面形态	剖面形态	活动时间	级别	主要控制测线
1	顺西2井断裂带	NNW	NEE/SWW	3~10	直线形	正花	D_3-P_2	III级	TZ01-422ne
2	顺南3井断裂带	NNW	NEE/SWW	3~15	直线形	负花	D_3-P_2	III级	TZ03-516ne
3	顺1井断裂带	NNW	NEE/SWW	2~7	直线形	负花	D_3-P_2	III级	TZ02-548ne
4	顺南4井断裂带	NNW	NEE/SWW	2~5	直线形	负花	D_3-P_2	III级	TZ02-572ne
5	顺南2井断裂带	NNW	NEE/SWW	2~5	直线形	负花	D_3-P_2	III级	TZ02-584ne
6	顺南2井东断裂带	NNW	NEE/SWW	1~3	直线形	负花	D_3-P_2	III级	TZ02-604ne
7	古隆1井西断裂带	NNW	NEE/SWW	1.5~2	直线形	负花	D_3-P_2	III级	TZ02-612ne
8	古隆1井西断裂带	NNW	NEE/SWW	1.5~2.5	直线形	负花	D_3-P_2	III级	TZ02-620ne

图 4-7~4-12 表明,顺 9 井断裂带主要由 13 条北北西向断层组成,断层倾向北东东或南西西,部分为正断层,但主要为逆断层或反转–压扭断层,后者开始形成于晚泥盆世–早二叠世,于早二叠世末–晚二叠世发生反转,变成了反转–压扭断层。

剖面上,顺 9 井断裂带对二叠系及以下地层的变形差异控制明显,且既具有反转构造的特征,又具有压扭构造的特征,分别形成于晚泥盆世–早二叠世与早二叠世末–晚二叠世,后者为反转–压扭构造。

图 4-7~4-12 表明,顺 9 井北断裂带主要由 16 条北北西向断层组成,断层倾向北东东或南西西,部分为正断层,但主要为逆断层或反转–压扭断层,后者初始形成于晚–泥盆世至早二叠世,于早二叠世末–晚二叠世发生反转,变成了反转–压扭断层。

剖面上，顺 9 井北断裂带对二叠系及以下地层的变形差异控制明显，且既具有反转构造的特征，又具有花状构造的特征，分别形成于晚泥盆世–早二叠世与早二叠世末–晚二叠世，后者为反转–压扭构造。

(4) 顺南 1 井北断裂带

该断裂带发育于顺南 1 井北侧，隐伏于 T_5^0 及以下构造层，长 25~28 km(图 4-7~4-12，表 4-4 和 4-5)。

图 4-7~4-12 表明，顺南 1 井北断裂带主要由 11 条北北西向断层组成，断层倾向北东东或南西西，主要为正断层。这些断层开始形成于晚–泥盆世至早二叠世，于早二叠世末–晚二叠世未发生反转。

剖面上，顺南 1 井北断裂带对上泥盆统–下二叠统的地层厚度变化控制明显。北坡中–东段后期基本上没有发生构造反转，因此，顺南 1 井北断裂带地层变形较弱。

4.3.4 北东东向断裂带

二维地震剖面分析表明，塔中北坡的北东东向断层主要分布于东段，包括两个断裂带，即顺南 1-4 井断裂带和古隆 1-3 井断裂带，后者断层数量多，但单条断层长度较小(图 4-7~4-12，表 4-6)。

剖面上，顺南 1 井北东断裂带和古隆 3 井北断裂带的断层主要隐伏于 T_6^0(志留系缺失)或 T_7^0 反射界面之下，表明断层活动于晚奥陶世，断层主要顺着 T_8^1 反射界面滑脱。

三维地震揭示顺南地区还发育有 4 条北东东向走滑断裂带，形成了北东东向断层体系。

表 4-6 塔中北坡二维地震揭示北东东向主要断裂带一览表

序号	断层名	走向	倾向	长度(km)	平面形态	剖面形态	活动时间	级别	主要控制测线
1	顺南 1-4 井断裂带	NEE	NNW/SSE	80-90	直线形	上凹形	O_3	III级	TZ03-488ne
2	古隆 1-3 井断裂带	NEE	NNW/SSE	45-55	直线形	上凹形	O_3	III级	TZ02-612ne

　　地震剖面显示,在塔中北坡南部顺南地区的寒武–奥陶系构造层中发育4条北东东向断裂带。其中,位于中部的 2 条北东东向断裂带延伸长度大,而位于东西两侧的 2 条断裂带延伸长度小(图 4-16~4-18)。向上,至志留系和石炭系构造层中,这些断层不再发育(图 4-19 和 4-20).

　　三维地震资料揭示,塔中北坡南部顺南地区在剖面上主要为花状构造,表明具有走滑变形的特征(图 4-21 和 4-22)。

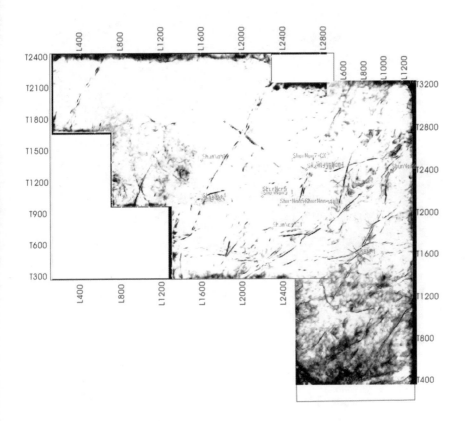

图 4-16　塔中北坡顺南 1 三维区下寒武统底面地震切片图(T_9^0 反射面)(据西北油田分公司勘探开发研究院顺北项目部,2019)

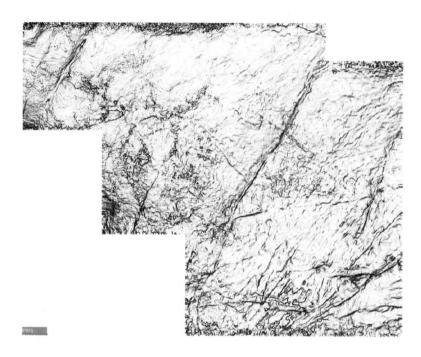

图 4-17　塔中北坡顺南 1 三维区中寒武统底面(T_8^2)地震切片(据西北油田分公司勘探开发研究院顺北项目部，2019)

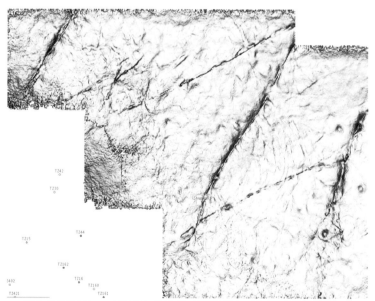

图 4-18　塔中北坡顺南 1 三维区上奥陶统底面地震切片图(T_7^4反射面)(据西北油田分公司勘探开发研究院顺北项目部，2019)

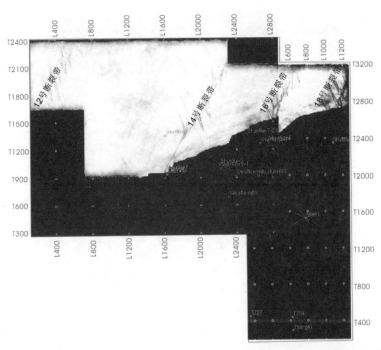

图 4-19 塔中北坡顺南 1 三维区志留系底面地震切片图(T_7^0 反射面)(据西北油田分公司勘探开发研究院顺北项目部，2019)

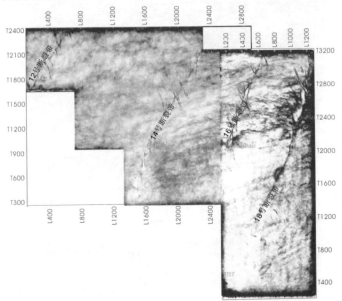

图 4-20 塔中北坡顺南 1 三维区石炭系底面地震切片图(T_6^0 反射面)(据西北油田分公司勘探开发研究院顺北项目部，2019)

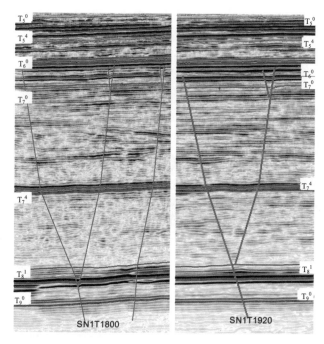

图 4-21　塔中北坡南部顺南地区 SN1T1800 与 SN1T1920 测线三维地震剖面

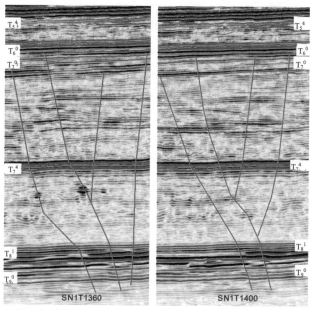

图 4-22　塔中北坡南部顺南地区 SN1T1360 与 SN1T1400 测线三维地震剖面

5

塔中北坡构造演化及断层形成机制

　　塔中北坡主要经历了早–中寒武世伸展，中奥陶世末至晚奥陶世末反转–压扭和石炭纪负反转–张扭等三大演化阶段。其中，奥陶纪反转–压扭是形成正花状断层的时期，而石炭纪的负反转–张扭则是形成负花状断层的时期。北东东向和北西向断裂带在中–晚奥陶世的负反转–张扭活动也形成负花状断层。

　　塔中北坡的北东向、北东东向与北西向断裂是级次低于塔中I号断裂的次一级断裂。这些断裂的形成与塔中I号断裂的活动密切相关。早–中寒武世的北东向、北西向与北东东向断层的共轭伸展，源于东侧拉张作用；中–晚奥陶世，北东向和北东东向断层的共轭压扭，源于西昆仑自西向东的挤压作用及塔中I号断裂的左旋走滑；志留纪与石炭纪北东向伸展，分别源于东南侧阿尔金造山带隆升和北西侧的挤压作用以及塔中I号断裂的右旋走滑。

5.1　演化剖面制作及分析

5.1.1　剖面选取

　　为了开展塔中北坡地区断裂演化分析及断裂性质的变化特点分析，在对地震剖面精细地质解释的基础上，根据平衡剖面选取的原则，本次研究选取了 9 条剖面。其中，南北向剖面 5 条，依次是 k234-tzq01-448sn、tz02-380.7sn、 tz01-361.7sn、 tz02-584ne+k234-06-584sn、 tz01-631.5se+tz03_631.5sn；东西向剖面 4 条，依次是 tzq02-432ew+tzq02-432nw、 tzq01-ew402、 tzq02-386nw、tzq02-395.6ew。

5.1.2 剖面制作

在上述剖面选择的基础上，运用 Geosec 软件开展了平衡地质剖面制作，编制了塔中北坡 9 条构造演化剖面(图 5-1~5-9)。

5.1.3 剖面分析

构造演化剖面分析表明，塔中北坡主要经历了早–中寒武世伸展，中奥陶世末至晚奥陶世末反转–压扭和石炭纪负反转–张扭等三大演化阶段。其中，奥陶纪反转–压扭是形成正花状构造的时期，而石炭纪的负反转–张扭则是形成负花状构造的时期。北东东向和北西向断裂带在中–晚奥陶世的负反转–张扭活动也形成负花状构造。

(1) 近南北向剖面

1) k234-tzq01-448sn

图 5-1 为塔中 k234-tzq01-448sn 测线演化剖面。图 5-1 表明，塔中地区主要经历了 8 个构造演化阶段：①早–中寒武世伸展阶段，塔中南坡发育了少量正断层；②中奥陶世末挤压–逆冲阶段，加里东中期I幕运动发生，塔中隆起开始形成，并向南北两侧逆冲；③晚奥陶世良里塔格组沉积期，为挤压–逆冲增强阶段，加里东中期II幕运动发生，塔中地区进一步隆升，并向南北两侧继续逆冲；④晚奥陶世末为挤压–逆冲–压扭阶段，加里东中期III幕运动发生，塔中隆起大幅隆升、走滑，并向南北两侧逆冲；⑤早志留世挤压–局部伸展–局部张扭阶段，塔中地区南部相对抬升，北部(顺托果勒地区)相对沉降，并发育少量正断层和张扭断层；⑥早二叠世伸展阶段，塔中地区处于伸展阶段，并有岩浆溢出；⑦早二叠末–晚二叠世挤压–反转–走滑阶段，塔中北坡顺托果勒地区遭受挤压，发育逆断层和反转–压扭断层；⑧三叠纪–第四纪挤压阶段，塔中北坡顺托果勒地区遭受轻微挤压，断层不太发育。

2) tz02-380.7sn

图 5-2 为塔中 tz02-380.7sn 测线演化剖面。图 5-2 表明，塔中北坡西段顺西地区及塔中隆起北缘主要经历了 7 个构造演化阶段：①早–中寒武世伸展阶段，发育了少量正断层；②中奥陶世末挤压–逆冲阶段，加里东

中期I幕运动发生，塔中隆起开始形成，并向北坡逆冲；③晚奥陶世末挤压–逆冲–压扭阶段，加里东中期III幕运动发生，塔中隆起大幅隆升、走滑，并向北侧逆冲，塔中北坡南缘发育顺西 1~7 井压扭断裂带，同时内部也发育逆断层；④早志留世挤压–局部伸展–局部张扭阶段，塔中北坡发育了少量正断层和张扭断层；⑤早二叠世伸展阶段，塔中北坡处于伸展阶段，发育正断层，并有岩浆溢出；⑥早二叠世末–晚二叠世挤压–反转–走滑阶

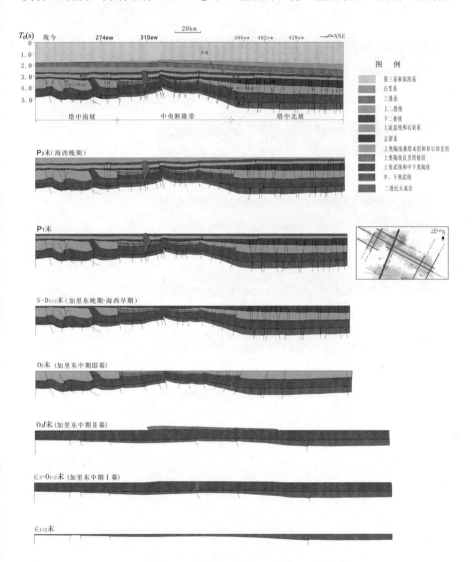

图 5-1　塔中 k234-tzq01-448sn 测线演化剖面

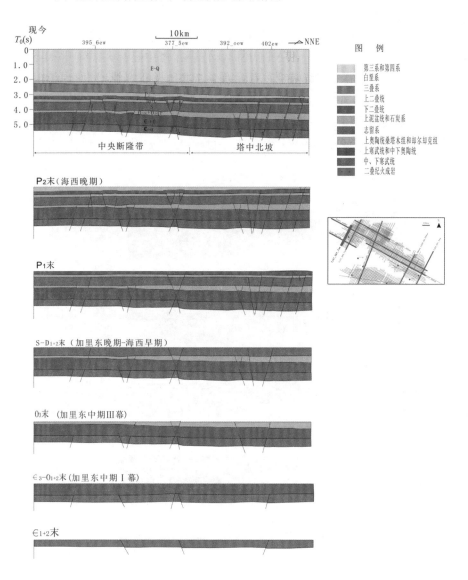

图 5-2 塔中 tz02-380.7sn 测线演化剖面

段，塔中北坡遭受挤压，发育逆断层和反转–压扭断层；⑦三叠纪–第四纪挤压阶段，塔中北坡遭受轻微挤压，断层不太发育。

3) tz01-361.7sn

图 5-3 为塔中 tz01-361.7sn 测线演化剖面。图 5-3 表明，塔中北坡西段顺西地区及塔中隆起北缘主要经历了 7 个构造演化阶段：①早–中寒武世

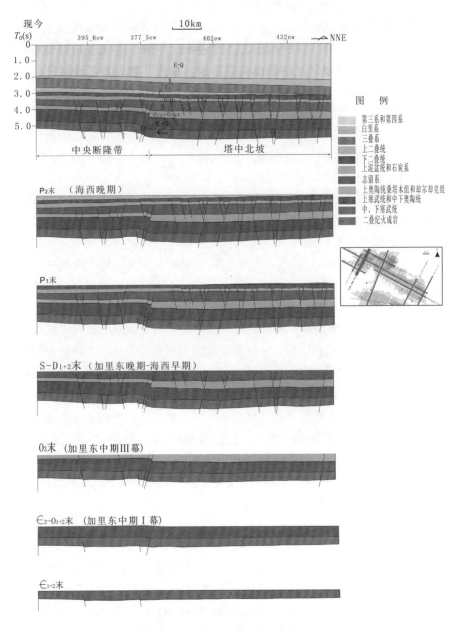

图 5-3　塔中 tz01-361.7sn 测线演化剖面

伸展阶段，塔中北坡发育了少量正断层；②中奥陶世末挤压–逆冲阶段，加里东中期I幕运动发生，塔中隆起开始形成，并向北坡逆冲，同时塔中北坡发育逆断层；③晚奥陶世末挤压–逆冲–压扭阶段，加里东中期III幕运动发生,塔中隆起大幅隆升、走滑,并向北侧逆冲,塔中北坡南缘发育顺西 1~7 井压扭断裂带,同时内部也发育逆断层和顺 2 井北压扭断裂带;④早志留世挤压–局部伸展–局部张扭阶段,塔中北坡发育了少量正断层和张扭断层;⑤早二叠世伸展阶段,塔中北坡处于伸展阶段,发育正断层,并有岩浆溢出;⑥早二叠世末–晚二叠世挤压–反转–走滑阶段,塔中北坡遭受挤压,发育逆断层和反转–压扭断层;⑦三叠纪–第四纪挤压阶段,塔中北坡遭受轻微挤压,断层不太发育。

4) tz02-584ne+k234-06-584sn

图 5-4 为塔中 tz02-584ne+k234-06-584sn 测线演化剖面。图 5-4 表明,塔中北坡东段顺南地区及塔中隆起北缘主要经历了 8 个构造演化阶段:①早–中寒武世伸展阶段,塔中隆起及北坡顺南地区发育了少量正断层;②中奥陶世末挤压–逆冲阶段,加里东中期I幕运动发生,塔中隆起开始形成,并向北坡顺南地区逆冲,同时塔中北坡顺南地区发育逆断层;③晚奥陶世良里塔格组沉积期,为挤压–逆冲增强阶段,加里东中期II幕运动发生,塔中地区进一步隆升,发育良里塔格组,并向北侧继续逆冲;④晚奥陶世末挤压–逆冲–压扭阶段,加里东中期III幕运动发生,塔中隆起大幅隆升、走滑,并向北侧顺南地区逆冲,塔中北坡南缘发育顺南压扭断裂带,同时内部也发育逆断层;⑤早志留世挤压–局部伸展–局部张扭阶段,塔中北坡发育了少量正断层和张扭断层;⑥早二叠世伸展阶段,顺南地区处于伸展阶段,发育正断层;⑦早二叠世末–晚二叠世挤压–反转阶段,顺南地区遭受轻微挤压,发育逆断层和反转断层;⑧三叠纪–第四纪挤压阶段,塔中北坡顺南地区遭受轻微挤压,处于整体沉降阶段,断层不太发育。

5) tz01-631.5se+tz03_631.5sn

图 5-5 为塔中 tz01-631.5se+tz03_631.5sn 测线演化剖面。图 5-5 表明,塔中北坡东段古城地区及塔中隆起北缘主要经历了 7 个构造演化阶段:①早–中寒武世伸展阶段,塔中隆起及北坡古城地区发育了少量正断层;②中奥陶世末挤压–逆冲阶段,加里东中期I幕运动发生,塔中隆起开始形成,并向北坡古城地区逆冲;③晚奥陶世挤压–逆冲增强阶段,加里东中期II幕运动发生,塔中地区进一步隆升,发育良里塔格组,并向北侧继续逆冲;④晚奥陶世末挤压–逆冲–压扭阶段,加里东中期III幕运动发生,塔中隆起大幅隆升、走滑,并向北侧古城地区逆冲,塔中北坡古城地区发育逆断层;⑤早志留世挤压–局部伸展–局部张扭阶段,塔中北坡古城地区

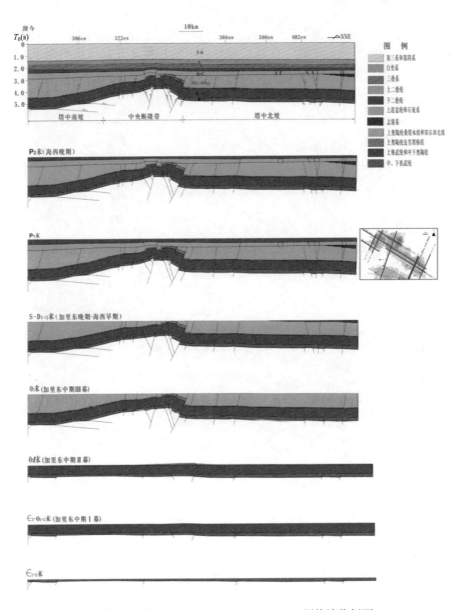

图 5-4 塔中 tz02-584ne+k234-06-584sn 测线演化剖面

发育了少量正断层和张扭断层；⑥早二叠世轻微伸展阶段，古城地区处于伸展阶段，发育正断层；⑦三叠纪–第四纪轻微挤压阶段，古城地区遭受轻微挤压，处于整体沉降阶段，断层不发育。

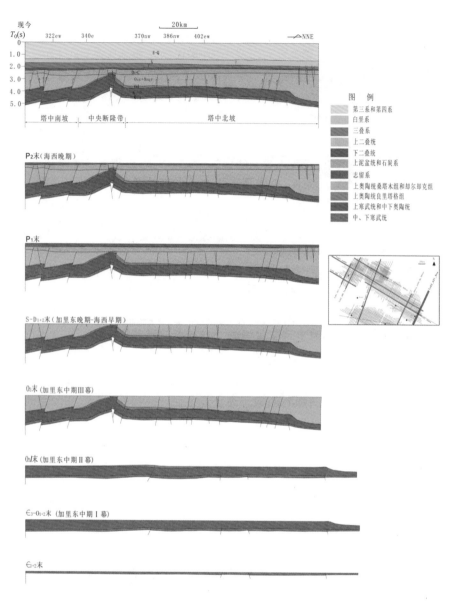

图 5-5　塔中 tz01-631.5se+tz03_631.5sn 测线演化剖面

(2) 近东西向剖面

1) tzq02-432ew+tzq02-432nw

图 5-6 为塔中 tzq02-432ew+tzq02-432nw 测线演化剖面。图 5-6 表明，塔中北坡西段顺西与顺托果勒的北部地区主要经历了 7 个构造演化阶段：

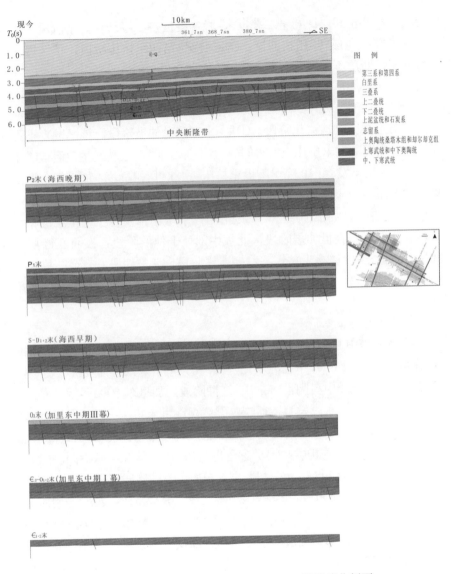

图 5-6 塔中 tzq02-432ew+tzq02-432nw 测线演化剖面

①早–中寒武世伸展阶段，该区发育了正断层；②中奥陶世末挤压–逆冲阶段，加里东中期I幕运动发生，该区发育了逆断层；③晚奥陶世末挤压–逆冲–压扭阶段，加里东中期III幕运动发生，塔中隆起大幅隆升、走滑，但该区变形较弱，断层不发育；④早志留世挤压–局部伸展–局部张扭阶段，该区发育少量正断层和张扭断层；⑤早二叠世伸展阶段，该区处于伸

展阶段，发育正断层；⑥早二叠世末–晚二叠世挤压–反转–走滑阶段，该区发育逆断层和反转–压扭断层；⑦三叠纪–第四纪挤压阶段，该区遭受轻微挤压，断层不太发育。

2) tzq01-ew402

图 5-7 为塔中 tzq01-ew402 测线演化剖面。图 5-7 表明，塔中北坡中部主要经历了 7 个构造演化阶段：①早–中寒武世伸展阶段，该区发育了正断层；②中奥陶世末挤压–逆冲阶段，加里东中期I幕运动发生，但该区作用较弱，断层不发育；③晚奥陶世末挤压–逆冲–压扭阶段，加里东中期III幕运动发生，塔中隆起大幅隆升、走滑，北坡东段发育了少量逆断层；④早志留世挤压–局部伸展–局部张扭阶段，北坡中部发育少量正断层和张扭断层；⑤早二叠世伸展阶段，北坡中部处于伸展阶段，发育正断层；⑥早二叠世末–晚二叠世挤压–反转–走滑阶段，北坡西段发育逆断层和反转–压扭断层；⑦三叠纪–第四纪挤压阶段，北部中部遭受轻微挤压，断层不太发育。

3) tzq02-386nw

图 5-8 为塔中 tzq02-386nw 测线演化剖面。图 5-8 表明，塔中北坡南部中–东段主要经历了 7 个构造演化阶段：①早–中寒武世伸展阶段，该区发育了正断层；②中奥陶世末挤压–逆冲阶段，加里东中期I幕运动发生，但该区作用较弱，东段发育逆断层；③晚奥陶世末挤压–逆冲–压扭阶段，加里东中期III幕运动发生，塔中隆起大幅隆升、走滑，北坡南部顺南–古城一带发育了少量逆断层；④早志留世挤压–局部伸展–局部张扭阶段，北坡南部发育少量正断层和张扭断层；⑤早二叠世伸展阶段，北坡南部处于伸展阶段，发育正断层；⑥早二叠世末–晚二叠世挤压–反转–走滑阶段，北坡南部挤压作用轻微，不发育逆断层和反转–压扭断层；⑦三叠纪–第四纪挤压阶段，北部中部遭受轻微挤压，断层不太发育。

4) tzq02-395.6ew

图 5-9 为塔中 tzq02-395.6ew 测线演化剖面。图 5-9 表明，塔中北坡西段南侧，即塔中I号断裂带西段主要经历了 7 个构造演化阶段：①早–中寒武世伸展阶段，该区发育了正断层；②中奥陶世末挤压–逆冲阶段，加里东中期I幕运动发生，发育逆断层；③晚奥陶世末挤压–逆冲–压扭阶段，加里东中期III幕运动发生，塔中隆起大幅隆升、走滑，该区发育了逆断层和压扭断层(顺西 1~7 井断裂带)；④早志留世挤压–局部伸展–局部张扭

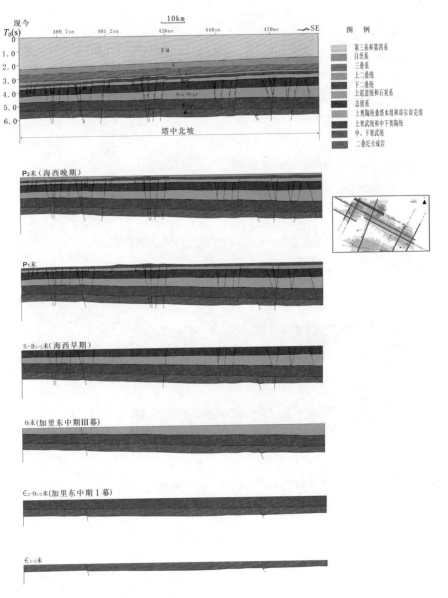

图 5-7 塔中 tzq01-ew402 测线演化剖面

阶段，该区发育少量正断层和张扭断层；⑤早二叠世伸展阶段，该区处于
伸展阶段，发育正断层；⑥早二叠世末–晚二叠世挤压–反转–走滑阶段，
该区挤压作用较弱，发育了逆断层和反转–压扭断层；⑦三叠纪–第四纪
挤压阶段，北部中部遭受轻微挤压，断层不太发育。

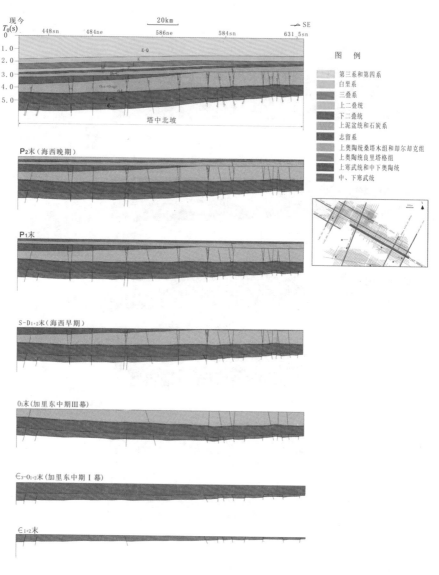

图 5-8 塔中 tzq02-386nw 测线演化剖面

5.2 断层形成机理

塔中北坡的北东向、北东东向与北西向断裂是级次低于塔中I号断裂的次一级断裂。这些断裂的形成与塔中I号断裂的活动密切相关。早–中寒武世的北东向、北西向与北东东向断层的共轭伸展，源于东侧拉张作用；
中–晚奥陶世北东向、北东东向断层的共轭压扭，源于西昆仑自西向东的
挤压作用及塔中I号断裂的左旋走滑；志留纪与石炭纪北东向伸展，分别
源于东南侧阿尔金造山带隆升和北西侧的挤压作用以及塔中I号断裂的右
旋走滑。

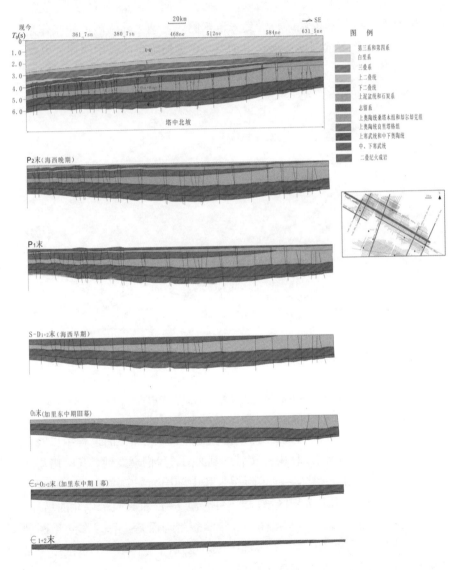

图 5-9 塔中 tzq02-395.6ew 测线演化剖面

5.2.1 早古生代

(1) 早–中寒武世东侧拉张作用

塔中北坡早–中寒武世的北东向伸展、北西向与北东东向断层的共轭伸展，源于东侧拉张作用(图 5-10)。前人研究认为，早–中寒武世，塔里木板块的东侧从冈瓦纳大陆裂离出来，向北西方向漂移(图 5-11)。很显然，这种情况下，塔里木板块必将受到来自东侧冈瓦纳大陆强烈的拉张作用。

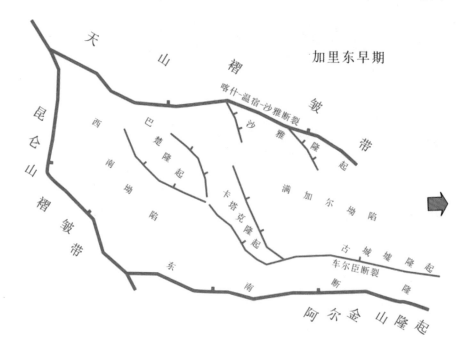

图 5-10　塔里木盆地加里东早期构造变形机理图

需要指出的是，图 5-10 考虑了塔里木板块在向北漂移的过程中以及在与周边地块碰撞造山的过程中的旋转。复原后，我们会发现，其时塔里木板块由于受北部喀什–温宿–沙雅断裂带和中部巴楚–塔中–车尔臣断裂带的控制，发育三大构造沉积区域，即喀什–温宿–沙雅断裂带以北的乌什–库车坳陷等北带区域、喀什–温宿–沙雅断裂带与巴楚–塔中–车尔臣断裂带之间的阿瓦提–满加尔坳陷等中部区域，以及巴楚–塔中–车尔臣断裂带西侧和南侧的塔西南与塔东南等南带区域。

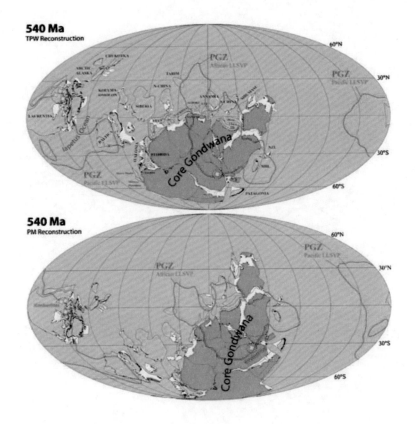

图 5-11 早寒武世冈瓦纳大陆及周边陆块分布图(Torsvik and Cocks，2013)

(2) 奥陶纪北东向左旋压扭

奥陶纪北东向压扭源于西昆仑自西向东的挤压作用及塔中I号断裂的左旋走滑(图 5-12)。前人认为，在中–晚奥陶世，塔里木板块的西侧发生了板块俯冲作用(图 5-13)。很显然，这种情况下，塔里木板块必将受到来自西侧的强烈挤压作用。结合玛北、玉北等地发育的晚奥陶世北东东向的逆冲断层(图 5-14)，这一作用力的方向应该为北西侧西昆仑的方向(图 5-15和 5-16)。

由此，可以推断，在中–晚奥陶世，由于受到北西向挤压应力的作用，塔中I号断裂带发生左旋走滑，包括塔中北坡在内的整个塔中北坡地区在中–晚奥陶世处于左旋应力场之中。

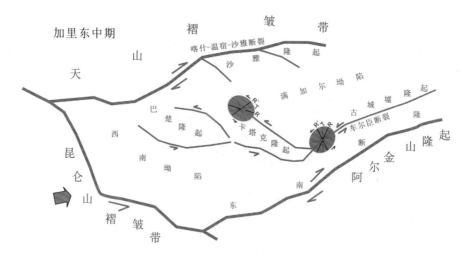

图 5-12   塔里木盆地加里东中期构造变形机理图

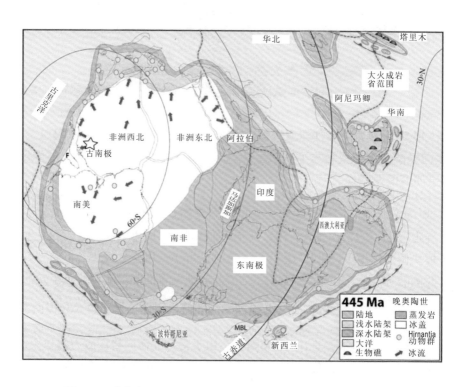

图 5-13   晚奥陶世冈瓦纳大陆及周边陆块分布图(Trond et al., 2013)

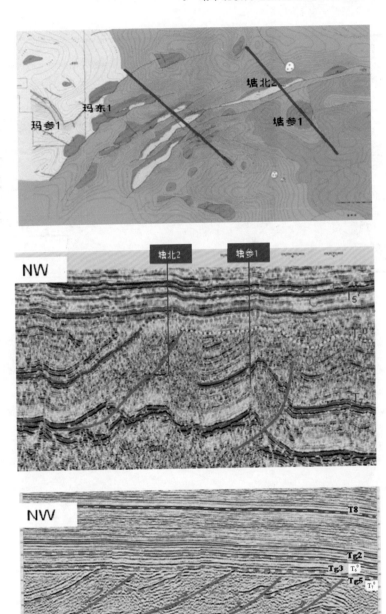

图 5-14   塘北及玛东地区逆冲构造平面与剖面图(据何治亮，2010)

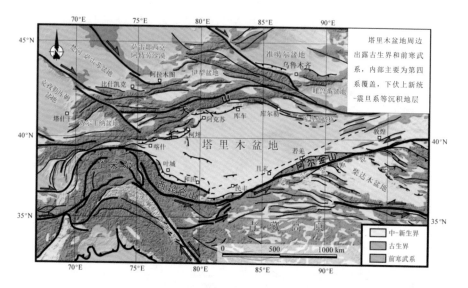

图 5-15   塔里木盆地大地构造位置图(据李慧莉等，2018)

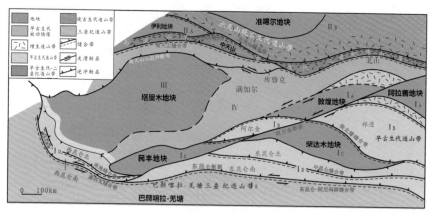

图 5-16   塔里木盆地及周缘古生代构造单元示意图(据李慧莉等，2018)

(3) 志留纪右旋张扭-拱张

志留纪，塔里木北缘发生了板块构造事件(443~416 Ma)(图 5-17)，由北向南的挤压作用造成塔里木北缘发育前陆凹陷，接受志留系沉积，而南缘发育前缘隆起，致使塔里木盆地南部普遍缺失志留系的沉积。同时，由北向南的挤压作用还造成塔中I号断裂发生右旋走滑，使包括塔中北坡地区在内的区域处于右旋应力场之中(图 5-18)。

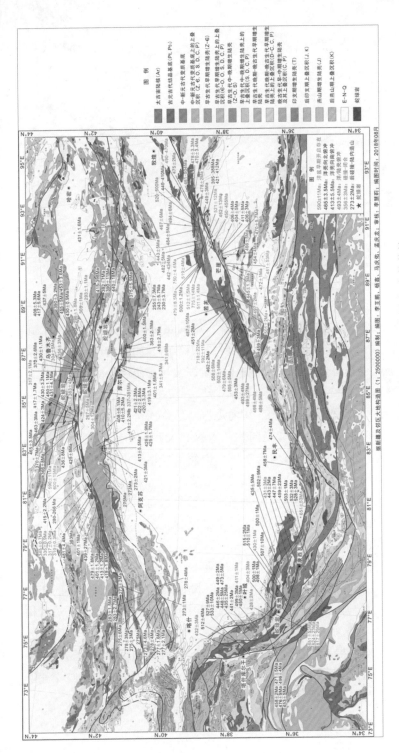

图 5-17 塔里木盆地周边构造事件年代分布图(据李慧莉等, 2018)

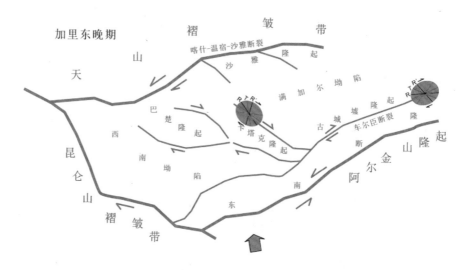

图 5-18   塔里木盆地加里东晚期构造变形机理图

图 5-18 表明，在志留纪，受阿尔金自南向北的挤压应力作用，巴楚-塔中–车尔臣断裂带发生右行走滑，其时塔中Ⅰ号断裂的走向与车尔臣断裂带的走向也近乎垂直，从而造成塔中Ⅰ号断裂带与车尔臣断裂带次级走滑断层的发育明显不一。具体地说，塔中Ⅰ号断裂带主要发育走向北西–北北西的 R 面走滑断层和走向北东的 R′面走滑断层，而车尔臣断裂带则发育走向北北东的 P 面走滑断层和走向北北东的 R 面走滑断层。

由于加里东晚期的走滑方向与加里东中期正好相反，而加里东中期为左行压扭，因此加里东晚期的构造变形势必为右行张扭。而从两地张性破裂面(T 面)的走向来看，顺南地区似乎应该顺北东向与北北西向走滑断层发育北北西向的正断层，而古城地区似乎应该顺北东向与北东东向走滑断层发育北西向的正断层。

需要指出的是，顺南地区的加里东晚期变形，不仅有右旋张扭，而且有拱张作用，证据有二：①地震剖面揭示，顺南地区志留系正断层的断距普遍要比奥陶系大，还存在向上加大的趋势(图 5-19)。这种情况无法用构造负反转解释，因为它不是构造负反转的突变，而是持续应力作用造成的渐变。②地震剖面揭示，在顺南地区，深部的寒武系发育逆冲构造，而中部中奥陶统顶面发育被张性断层改造和破坏了的背斜构造，且越向深部逆冲越明显。显然，这也是没法用负反转构造解释的。

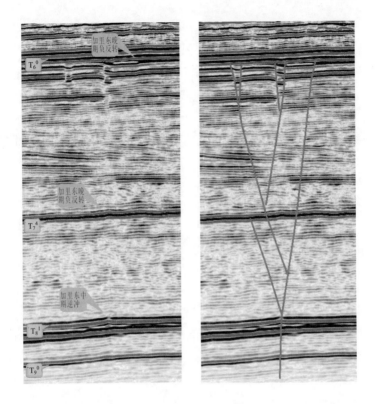

图 5-19　顺南 SN1T2000 测线三维地震剖面(剖面方向：左西右东)

图中，T_9^0、T_8^1、T_7^4、T_6^0 分别为中–下寒武统、上寒武统、上奥陶统和石炭系的底面

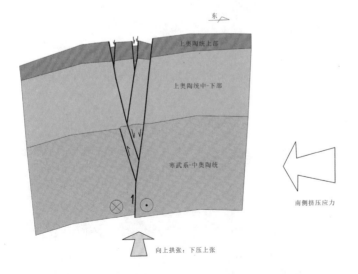

图 5-20　塔中北坡加里东晚期右旋张扭–拱张构造模型

在上述分析的基础上,提出了顺南地区加里东晚期右旋张扭–拱张模型(图 5-20)。该模型的主要内容有:①加里东晚期,由于塔里木盆地南侧的挤压构造应力作用,塔里木盆地南抬北降,且中部发生右旋走滑和拱张;②由于右旋走滑,上奥陶统发育负花状构造;③由于拱张,上奥陶统发育正断层,深部寒武系发育逆冲断层。

与石炭纪相比,塔中北坡志留纪的右旋张扭相对更强烈,这是因为志留纪无论是断层数量还是断层规模,都要比石炭纪略胜一筹。

5.2.2　晚古生代

(1) 石炭纪右旋张扭

石炭纪的右旋张扭源于塔里木北缘的板块构造事件引起的塔中I号断裂的右旋走滑,前人研究认为这源于晚泥盆世–石炭纪的塔里木板块的板块构造事件(416~299 Ma)(图 5-17)。塔里木板块受到来自西北侧的挤压作用,导致塔中I号断裂发生右旋走滑活动,致使塔中北坡地区处于右旋的构造应力场之中,发育北西向正断层(图 5-21)。

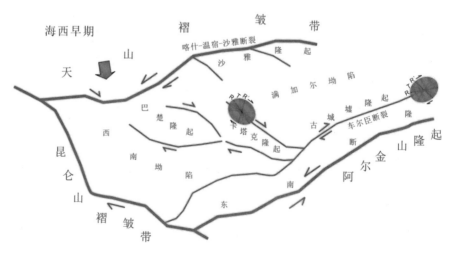

图 5-21　塔里木盆地海西早期构造变形机理图

图 5-21 表明,石炭纪时期,在北西侧挤压应力的作用下,巴楚–塔中–车尔臣断裂带发生右行走滑,塔中I号断裂的走向与车尔臣断裂带的走向仍然近乎垂直,造成了顺南和古城地区次级走滑断层的发育明显不一,并

继续造成塔中I号断裂带发育走向北西–北北西的 R 面走滑断层和走向北东的 R′面走滑断层，车尔臣断裂带发育走向近东西的 R 面走滑断层。

以上分析表明，塔中北坡的断裂发育与塔中 I 号断裂带密切相关，古城墟隆起的断裂发育与车尔臣断裂的活动密切相关。

(2) 二叠纪的伸展与挤压

钻井揭示，塔中北坡二叠系大面积发育玄武岩，且大多呈面状分布于下二叠统顶面(二叠系二分)。这说明，在早二叠世，塔中北坡形成强烈的伸展构造，从而造成深部岩浆向上的大面积喷发。早二叠世末，塔中北坡地区发生了构造反转，发育反转断层和逆冲断层，地层遭受冲断和褶皱。这一现象在顺托果勒西部表现得最为明显。

塔中北坡构造控油作用

6.1 断层对奥陶系碳酸盐岩储层发育的控制作用

地震剖面和钻井资料分析表明，断层对塔中北坡奥陶系碳酸盐岩储层的发育控制作用明显。①加里东中期I、II幕，北西向逆断层活动，控制中奥陶统一间房组与鹰山组及上奥陶统良里塔格组风化壳岩型溶储层和礁滩储层沿着塔中I号断裂带发育，且越靠近塔中I号断裂带发育越好。加里东中期III幕，北西向压扭断层活动，控制着北坡西段南缘高角度溶缝性岩溶储层的发育。同时，东段北东东向逆断层活动，控制着古隆地区中奥陶统一间房组与鹰山组中-低角度裂缝(如顺南 4 井)和溶缝性、风化壳型岩溶储层的发育(古隆 2 井)；③加里东晚期-海西早期，北东向张扭断层活动，控制着中奥陶统一间房组、鹰山组溶缝储层沿着北东向断裂带的发育(古隆 2 井)，还控制着奥陶系一间房组与鹰山组上段溶缝储层(古隆 2 井)、硅质岩储层(顺南 4 井)及鹰山组下段-寒武系内幕白云岩储层的发育(埋藏溶蚀作用)；③海西晚期，北北西向反转-压扭断层活动，控制着北坡西段中奥陶统一间房组溶缝储层的发育。

6.1.1 钻井资料分析

目前，塔中北坡钻遇奥陶系的井有古城 4、古城 6、古隆 1、古隆 2、古隆 3、顺南 1、顺南 2、顺南 3、顺南 4、顺南 5、顺 1、顺 2、顺 7、顺 9、顺 10、顺西 1 和顺西 2 井等。钻探结果表明，塔中北坡奥陶系存在风化壳岩溶与内幕白云岩两大勘探领域，但整体储层发育差。其中，一间房组-鹰山组上部钻遇裂缝-孔洞型储层，储层发育和断裂同表生暴露岩溶有关，而鹰山组下段白云岩储层主要与构造破裂作用及埋藏溶蚀作用有关。另外，古隆2井在一间房组–鹰山组上段见暴露岩溶。

结合断层特征分析，发现上述钻井可以分为两种类型，即：①钻遇逆断层/压扭断层的井，这类井最多，主要有古隆1、古隆2、古隆3、顺南1、顺南2、顺南3、顺2、顺7、顺10、顺西1和顺西2；②钻遇正断层/张扭断层的井，这类井不多，主要有顺南4、顺1井、顺9井等。

根据断层的活动时间，可以将上述钻井分为四类，即：①仅钻遇加里东晚期断层的井，这类井较少，主要有顺南2、顺南3和顺9、顺10井，这类井早期裂缝多被方解石充填，晚期断裂不活动，裂缝不发育，因此储层发育程度低。②钻遇海西早期(早–中泥盆世末)反转–压扭断层的井，这类井较多，主要分布于顺南–古隆一带，包括顺南1、古隆、古隆2、古隆3井等。压扭断层使得裂缝性储层发育。③钻遇海西早期(晚泥盆世–石炭纪)张扭断层的井，这类井较多。除了顺南1、顺南2、顺南3和顺9、顺10井外，其他井都钻遇了海西早期活动的断层。这类井尽管早期裂缝被方解石充填，但由于晚期断裂活动，储层发育程度明显好于第一类储层，保存条件较差。其中，若为断达基底的张扭断层，则往往与热液活动有关；若遇二叠纪的岩浆热液，则发育硅质岩储层，如顺南4井。④钻遇海西晚期断层的井，这类井较少，且主要分布于顺西和顺托两地，包括顺2、顺西1、顺西2井等。由于断层活动晚，且主要为反转–压扭断层，因此地层破碎，裂缝性储层较发育。

6.1.2　加里东中期断层活动对奥陶系储层发育的影响

(1) 加里东中期I、II幕，北西向断层活动控制北坡奥陶系风化壳岩型溶储层发育

中奥陶世末，加里东中期I幕构造运动发生，北西向的塔中I号断裂带开始活动，并向北逆冲，塔中地区开始分异，塔中隆起开始形成(图6-1)，且东段隆起幅度低，西段隆起幅度高，造成上奥陶统自南东向北西方向搬运、沉积。由于抬升、剥蚀，在塔中隆起及塔中I号断裂带沿线发育中奥陶统一间房组和中–下奥陶统鹰山组碳酸盐岩风化壳岩型溶储层。

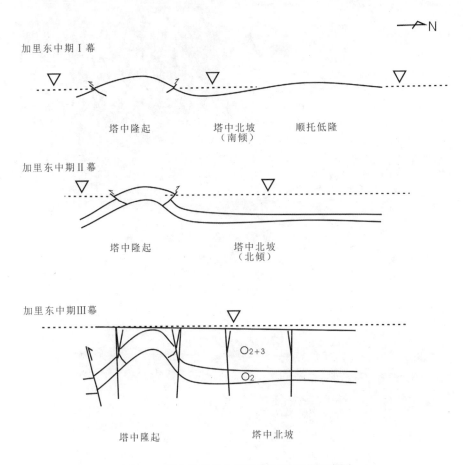

图 6-1 塔中北坡及邻区晚奥陶世演化示意图

　　图 6-2 为塔中北坡及邻区加里东中期I幕风化壳岩型溶储层分布图。由图可知，在塔中北坡南缘、塔中I号断裂带北侧，自东向西发育古城北西向断裂带、顺南北西向断裂带和顺西北西向断裂带。北西向断裂带的发育，促使上述三条断裂带中发育奥陶统一间房组和中–下奥陶统鹰山组碳酸盐岩风化壳岩型溶储层。

　　不仅如此，上奥陶统良里塔格组沉积期，加里东中期II幕构造运动发生，北西向的塔中I号断裂带再次活动并向北逆冲，塔中地区分异加剧，塔中隆起进一步抬升。其结果致使塔中隆起上形成了较大厚度的良里塔格台地礁滩相沉积，而在塔中I号断裂带北缘小范围内沉积了较薄的良里塔格台缘斜坡相地层，钻井揭示以泥质灰岩和灰、泥岩互层为主；在其北侧则为浅海陆棚相沉积，钻井揭示多为泥岩、灰质泥岩地层(图 6-3)。

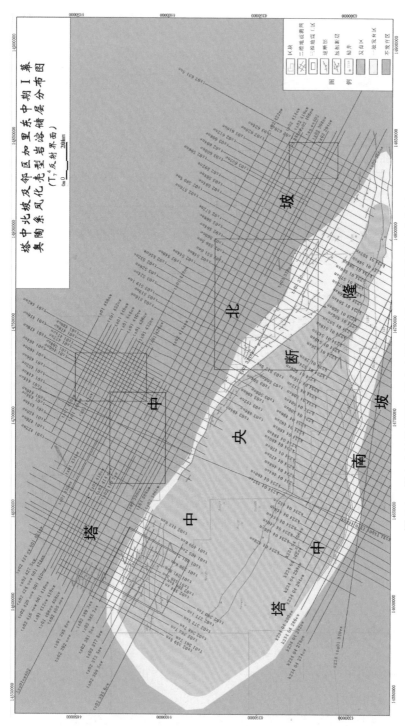

图 6-2 塔中北坡及邻区加里东中期I幕风化壳岩型溶储层分布图

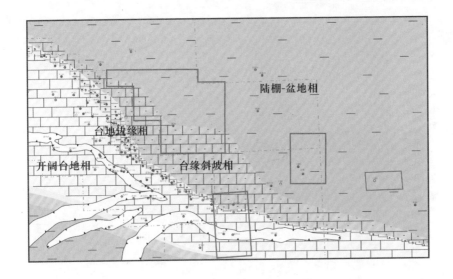

图 6-3 塔里木盆地古城墟隆起良里塔格组沉积相平面图(据中石化西北油田分公司研究院，2013)

(2) 加里东中期III幕，北西与北东东向断层活动控制寒武–奥陶系溶缝性岩溶储层和裂缝性储层的发育

1)北西向断层控制北坡西段顺西地区溶缝性岩溶储层和裂缝性储层的发育

良里塔格组沉积以后，塔中地区挤压作用加剧，塔中I号断裂带向北继续逆冲。晚奥陶世末，加里东中期III幕构造运动发生，不仅塔中I号断裂带发生压扭活动，而且在其西段北侧的顺西地区也发育北西向压扭断层，即顺2井北压扭断裂带。北西向压扭断裂带的发育，不仅使中奥陶统一间房组和中–下奥陶统鹰山组碳酸盐岩地层中高角度裂缝发育，而且还使其与地表相通，从而发育溶缝性岩溶储层。

典型例子是顺7井获得突破。顺7井位于顺西三维工区内、塔中I号断裂带西段，以良里塔格组和鹰山组为主要目的层。2010年9月15日完钻，完钻井深6912 m，层位鹰山组，在奥陶系良里塔格组和鹰山组钻遇良好油气显示，缝洞型储层发育。

图6-4为塔中北坡及邻区加里东中期III幕岩溶储层分布图。由图可知，晚奥陶世末，加里东中期III幕塔中I号断裂带与顺2井北压扭断裂带活动，

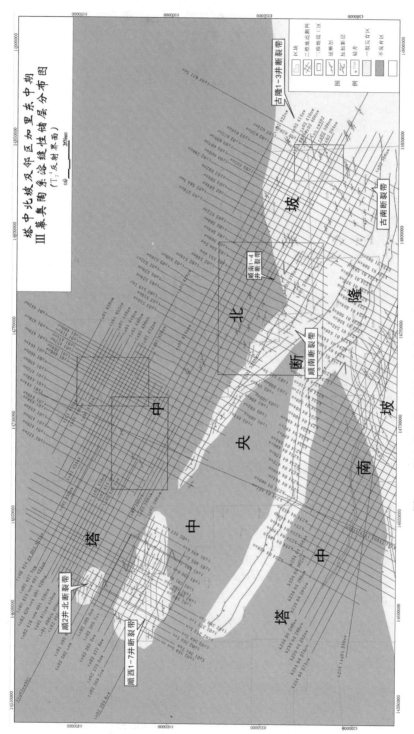

图 6-4 塔中北坡及邻区加里东中期Ⅲ幕岩溶储层分布图

控制中奥陶统一间房组和中–下奥陶统鹰山组碳酸盐岩溶缝性岩溶储层沿着断裂带发育。

2)北东东向断层控制北坡东段古隆地区溶缝性岩溶储层和裂缝性储层的发育

如前所述，在晚奥陶世末，塔中北坡东段也发育北东东向逆断层，但断层的规模和地层变形的强度远远小于塔中南坡、玛北和玉北构造带。这些断层的发育，无疑会促进该区中奥陶统一间房组和中–下奥陶统鹰山组碳酸盐岩地层中高角度裂缝发育，并使其与地表相通，从而发育溶缝性岩溶储层。

图 6-4 表明，塔中北坡东段古隆地区奥陶统一间房组和中–下奥陶统鹰山组碳酸盐岩溶缝性岩溶储层和裂缝性储层发育，值得重视。

6.1.3 加里东晚期–海西早期断层活动对奥陶系储层发育的影响

(1) 北东向正断层、负反转断层和张扭断层控制寒武–奥陶系溶缝性岩溶储层和裂缝性储层的发育

前已述及，塔中北坡在早志留世、晚泥盆世–石炭纪主要发育北东向正断层、负反转断层和张扭断层，这些断层沿 12 条北东向断裂带分布，并大多断达基底，部分只断达 T_8^1 反射界面。这些断层在寒武–奥陶系碳酸盐岩地层中产生高角度裂缝，并由此形成溶缝性岩溶作用。

图 6-5 为塔中北坡及邻区加里东晚期裂缝与溶缝性岩溶储层分布图。由图可知，塔中北坡的中奥陶统一间房组和中–下奥陶统鹰山组碳酸盐岩地层中发育溶缝性岩溶储层和裂缝性储层条带。

图 6-5 表明，在塔中北坡西端顺西地区和东端古隆地区，中奥陶统一间房组和中–下奥陶统鹰山组碳酸盐岩地层中的北东向断层较发育，断裂带比较密集，因此这两地的溶缝性岩溶储层和裂缝性储层更加发育。

(2) 北东向张扭断层控制北坡中–下奥陶统碳酸盐岩地层中热液和硅质交代发育

如前所述，塔中北坡北东向断层分为正断层、负反转断层和张扭断层。其中，正断层和负反转断层主要活动于早志留世，属于区域挤压应力场引起的局部伸展作用，主要分布于志留系和奥陶系，一般不断达基底；张扭断层主要活动于晚泥盆世和石炭纪，属于区域挤压应力场引起的张扭作

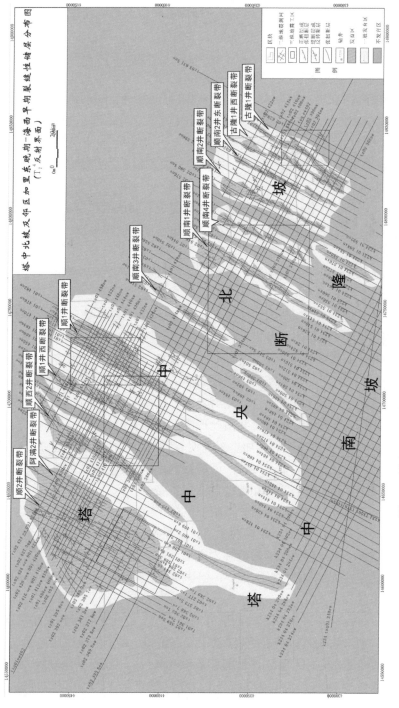

图 6-5　塔中北坡及邻区加里东晚期裂缝与溶缝性岩溶储层分布图

用，一般断达基底，主要分布于寒武系–石炭系。

上述断达基底的北东向张扭断层的存在，为二叠纪岩浆和热液活动提供了有效通道，一方面导致岩浆中的硅质大量析出，并与周围的碳酸盐岩地层发育硅质交代作用，顺南 4 井就是典型例子(图 6-6)；另一方面，热液作用在下奥陶统发育白云石，古隆 1 井就是典型的例子(图 6-7)。

图 6-6 塔中北坡顺南 4 井中–下奥陶统鹰山组钻井岩心图(据中石化西北油田分公司研究院，2013)

6.1.4 海西晚期断层活动对奥陶系储层发育的影响

如前所述，塔中北坡发育北北西向的正断层、反转断层和压扭断层。其中，正断层和反转断层主要分布于志留系、泥盆系和石炭–二叠系，因此对奥陶系储层发育的影响很小。而北北西向的压扭断层部分深达中奥陶统上部地层，无疑对奥陶系碳酸盐岩溶缝性和裂缝性储层的发育有影响。目前，这一现象尚无钻井揭示。

图 6-7   塔中北坡古隆 1 井 O_1 洞内的它形白云石(4×，热液作用影响)(据中石化西北油田分公司研究院，2013)

6.2   断层对志留系裂缝性储层和圈闭发育的控制作用

总体来看，断层对塔中北坡志留系碎屑岩地层的油气富集程度控制作用明显，主要表现在北北西和北东向断层控制了志留系裂缝性储层的发育，北东向断层控制了志留系低幅度断层圈闭、断层–岩性圈闭和断层–地层圈闭的形成。

6.2.1   钻井资料分析

志留系在塔中北坡主要分布于顺南 1 井的西北侧。2011 年，中石化西北油田分公司部署在顺托果勒低隆起的顺 9 井在志留系油藏获低产油流，实现了新区新层位(柯坪塔格组下段)致密砂岩油藏导向性突破。钻探发现的沥青砂、油气显示、小型油气藏均环绕满加尔生烃坳陷分布，表明志留系勘探前景良好。目前，塔中北坡钻遇志留系的井有顺南 3、顺 1、顺 2、顺 7、顺 9、顺 10、顺西 1、顺西 2 井等。

勘探和研究表明，志留系在塔中地区北厚南薄，自北向南超覆，上倾尖灭型岩性圈闭发育。储集空间以粒间孔、粒间溶孔为主,总体为特低孔、渗储层(孔隙度平均 6%,渗透率小于 1 md)。同时,钻探结果表明,塔中北坡志留系柯坪塔格组中段泥岩向南呈逐渐超覆减薄趋势,并于顺南 3 井北侧尖灭,该套泥岩对志留系油气的保存极为重要。可见,塔中地区志留系油气富集程度与断层引起的裂缝性储层、地层圈闭和构造-岩性圈闭的发育密切相关。

6.2.2 北西向与北东向断层控制志留系裂缝性储层的发育

(1) 北北西向断层控制志留系裂缝性储层发育

塔中北坡的北北西向断层开始形成于晚泥盆世-早二叠世,为正断层或张扭断层,全区均有分布,但数量不多。

晚二叠世,随着北侧古南天山快速隆升,塔中北坡发生构造反转,上述正断层或张扭断层变成了反转-压扭断层。由于压扭作用强烈,且发育花状构造,致密的志留系碎屑岩地层发生破裂而产生大量裂缝,成为裂缝性储层。

(2) 北东向断层形成的志留系裂缝性储层

塔中北坡的北东向断层开始形成于早志留世,为正断层,早-中泥盆世末反转成为压扭断层,石炭纪时期转变为张扭断层,因此发育正花或负花状构造,使致密的志留系碎屑岩地层发生破裂而发育裂缝,成为裂缝性储层。

晚二叠世,随着北侧古南天山快速隆升,塔中北坡发生构造反转,上述北东向张扭断层中部分变成了反转-压扭断层。由于压扭作用强烈,且发育花状构造,使致密的志留系碎屑岩地层发生破裂而发育大量裂缝,成为裂缝性储层。

以上分析表明,塔中北坡北西、北北西与北东向断层形成的志留系裂缝性储层发育,是值得重视的勘探领域。

6.2.3 北东向断层控制志留系断层、断层-岩性和断层-地层圈闭的形成

钻井揭示,志留系在塔中北坡主要分布于顺南 1 井西北侧的构造倾没端与隆起围斜部位,可以划分为三个三级层序,纵向上由滨岸沉积体系向潮坪沉积体系转换。其中,柯坪塔格组上 3 亚段由北向南分别发育陆棚相、

滨岸相、潮坪相砂体，储层物性受沉积相控制明显，是寻找地层和岩性圈闭的有利地区。

同时，该区受北东向断层的影响，还发育低幅度断层/断块–背斜圈闭带(群)、断层–地层圈闭带(群)和断层–岩性圈闭带(群)，因此也是寻找构造、构造–地层和构造–岩性圈闭的有利地区。

(1) 低幅度断层/断块–背斜圈闭带(群)

主要与北东向张扭断层的活动及其形成的负花状构造有关(图 6-8)。图 6-8 表明，在北东向张扭断层形成的负花状构造体系内，发育有众多小型正断层，这些正断层尽管断距很小，但数量多，不仅可以改造志留系致密砂岩储层，而且可以形成低幅度的断层/断块圈闭带(群)；不仅可以沟通深部寒武系油源与上部奥陶系、志留系储层，而且可以沟通塔中隆起与北侧满加尔凹陷油源，因此具有重要的研究意义。

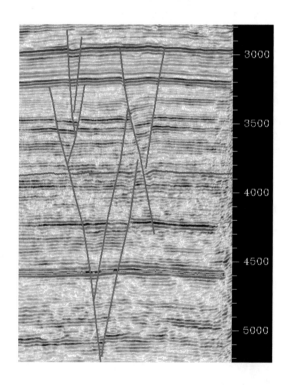

图 6-8　顺 1 井工区 Trace1280 测线地震剖面示低幅度断层圈闭(局部，剖面方向：左西右东)。图中，蓝色-T_5^4，紫色-T_6^0，绿色-T_7^0，橙色-T_7^4

图 6-8 表明，上述北东向张扭断层可能具有三期活动特征。第一期为下志留统沉积期，即通常所说的加里东晚期，造成正断层下盘的下志留统厚度明显变大；第二期为上泥盆统–石炭系沉积期，即通常所说的海西早期，造成正断层下盘的上泥盆统–石炭系厚度明显变大；第三期为早二叠世，即通常所说的海西早期，造成正断层下盘的下二叠统厚度明显变大。

此外，部分北东向断层在晚二叠世–三叠纪甚至新生代仍有活动，并在志留系中形成了低幅度的背斜圈闭带(群)。这些断层主要分布于顺 1 井工区的北部和西部及顺西地区。断层的长期活动有利于油气的运移和聚集，但对油气的保存明显不利。塔中地区钻探发现的沥青砂、稠油油斑细砂岩、油气显示(如中 13 井)等就是古油藏被破坏的结果。

(2) 低幅度断层–地层圈闭带(群)

除了形成低幅度的断层/断块–背斜圈闭带(群)外，北东向断层还可以形成低幅度的断层–地层圈闭带(群)，这是因为在塔中北坡下志留统的顶面和底面各发育有一个角度不整合面，即 T_6^0 面和 T_7^0 面，它们受到北东向断层的切割后，可以形成低幅度的构造–地层圈闭。

由于北东向断层成带发育于塔中北坡，因此上述低幅度的构造–地层圈闭还可以成带/成群发育，形成塔中北坡低幅度的构造–地层圈闭带(群)。

从地震剖面显示的情况来看(图 6-9)，塔中北坡西段的构造倾没端与隆起围斜部位 T_6^0、T_7^0 角度不整合面最发育，而在向顺南 1 井的方向，T_6^0、

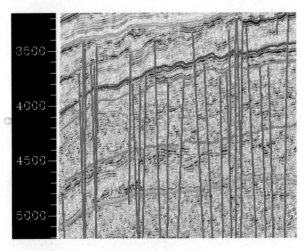

图 6-9 塔中北坡 Tzq01-402ew 测线地震剖面(西端，剖面方向：左西右东)。图中，粉红色-T_5^0，蓝色-T_5^4，紫色-T_6^0，绿色-T_7^0，橙色-T_7^4

T_7^0 角度不整合面也很发育。因此，顺西、顺南地区是寻找与 T_6^0、T_7^0 角度不整合面相关的低幅度构造–地层圈闭带(群)的有利地区。

(3) 低幅度断层–岩性圈闭带(群)

图 6-10 表明，塔中北坡的志留系自西向东超覆沉积，因此岩性圈闭发育。同时，由于北东向断层的切割作用，区域内还发育低幅度的断层–岩性圈闭，并沿北东向断层带分布，形成低幅度的断层–岩性圈闭带(群)。

以上分析表明，塔中北坡北东向断层带至少具有三期活动特征，是重要的油源断层，其形成的低幅度背斜、断层、断块、断层–地层和断层–岩性圈闭，成带、成群分布于顺南 1 井西北侧，具有重要的勘探价值。

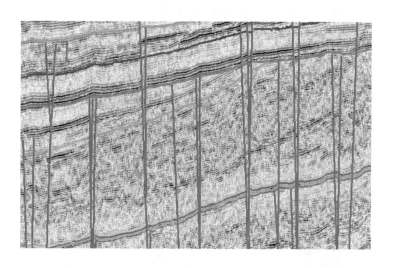

图 6-10　塔中北坡 Tzq01-402ew 测线地震剖面(东段，剖面方向：左西右东)。图中，粉红色-T_5^0，蓝色-T_5^4，紫色-T_6^0，绿色-T_7^0，橙色-T_7^4

6.3　断层对油气运移和成藏的控制作用

研究表明，塔中北坡断层对油气的运移和成藏的控制作用主要表现在：①多期、多组、多种性质断层控制着奥陶系风化壳岩型岩溶储层、溶缝储层、内幕白云岩储层和志留系裂缝性储层的发育，奥陶系油气分布主要受储层发育程度直接控制(如古隆 1 井、2 井，不受断背斜控制)；②海西早期，北东向张扭断层活动，控制着塔中北坡寒武–奥陶系硅质岩储层与内幕白云岩储层及志留系裂缝性储层的发育，但地层破碎，保存条件和圈闭条件变差(顺南 4 井); ③作为油源断层, 北东向张扭和北西向压扭断层不仅沟通深部寒武–奥陶系油源, 而且在不同地质时期沟通不同的生油凹陷; ④多组断层形成的断层网络控制塔中北坡寒武–奥陶系构造层的油气, 除了顺西地区外, 只能来源于东北侧满加尔凹陷; ⑤东段印支期与海西早期断裂的活动, 对早期油藏(海西晚期成藏)造成破坏, 促进了喜山期油气藏的形成(顺南–古城)。

6.3.1 钻井资料分析

塔中北坡在奥陶系和志留系有多口井获得油气突破。在奥陶系获得油气突破的钻井有古城 6、古隆 1 和顺南 1。其中, 古城 6 井鹰山组内幕常规测试获高产气流, 古隆 1 井鹰山组内幕中途测试获低产工业气流, 顺南 1 井一间房组–鹰山组顶部携砂酸压获低产油气流。另外, 在古城 4、古隆 2、古隆 3 和顺南 3 等井见油气显示。其中, 古隆 1、古隆 2 井均针对断背斜圈闭钻探, 钻后标定断层–背斜圈闭落实可靠, 因含气井段厚度均大于构造圈闭幅度, 分析均为岩溶缝洞型气藏, 不受构造控制。

此外, 古隆 3 井的串珠状异常反射证实为高含沥青质灰岩。古隆 3、古城 4 井极高反射率的沥青, 说明早期形成了古油藏, 后期大量裂解而生成干气。顺南 2 井奥陶系却尔却克组见气测异常 3 m/1 层, 一间房–鹰山组未见油气显示。顺南 3 井奥陶系却尔却克组见气测异常 1 m/1 层, 鹰山组见气测异常 3 m/2 层。古城 4 井上寒武统古油藏遭受裂解, 且储层后期破坏严重, 不利于天然气成藏。顺南 1 井原油表现出典型的凝析油特征。

最后, 综合油气性质、生标特征及烃包裹体发育特征认为, 塔中北坡主要存在 2 期油气充注过程。第一期油气充注发生在海西晚期, 以来自寒武系至中–下奥陶统烃源岩的原油为主。第二期油气充注发生在喜山期, 以过成熟的干气为主。古隆 1 井为喜山期大量聚集成藏。

6.3.2 塔中北坡多期、多组、多种性质断层

(1) 多期、多组、多种性质断层直接控制奥陶系风化壳岩型岩溶储层、溶缝储层、内幕白云岩储层和志留系裂缝性储层发育, 奥陶系油气分布主要受储层发育程度直接控制

钻探情况表明, 塔中北坡奥陶系碳酸盐岩和志留系碎屑岩的油气丰度

直接受储层发育程度的控制，而多期、多组、多种性质断层直接控制奥陶系风化壳岩型岩溶储层、溶缝储层、内幕白云岩储层和志留系裂缝性储层发育。如顺南4井鹰山组下段的储层类型为缝洞型、裂缝型为主，局部为孔隙型。缝洞型储层以致密硅质岩为主，孔隙型储层以颗粒状硅质岩为主，两者呈渐变关系，可能受岩相(组构选择性？)和裂缝的控制。有效裂缝主要为中-高角度缝，裂缝多为北东走向，与北东向断裂关系密切。

又如，北坡东段古隆1井和古城6井下奥陶统中的内幕白云岩储层就是热液作用形成的，而这些热液作用主要与北东向断裂相关。北东向断层与热液作用是北坡东段及古城地区下奥陶统内幕白云岩储层发育的关键原因。

另外，在北坡西段顺西地区的顺7井区，在奥陶系良里塔格组和鹰山组钻遇良好油气显示，且发现缝洞型储层发育，这与加里东中期I、II、III幕构造运动、加里东晚期-海西早期构造运动密切相关。

(2) 北东向张扭断层海西早期活动，控制塔中北坡寒武-奥陶系硅质岩储层与内幕白云岩储层及志留系裂缝性储层发育，但地层破碎，保存条件和圈闭条件变差

前已述及，塔中北坡发育有两类特殊类型储层，即硅质交代作用产生的硅质岩和热液作用产生的内幕白云岩储层。前者的储层条件与硅质交代程度有关，硅质交代作用越强，硅质含量越高，产生的硅质岩越疏松，反之就越致密。顺南4井的鹰山组硅质岩就是典型例子，而该井位于顺南4井北东向断裂带。

目前研究表明，第二类特殊类型储层，即内幕白云岩储层，主要是大规模的热液作用引起的，这往往与岩浆活动和断达基底的断层比较发育有关。古隆1井的下奥陶统内幕白云岩储层就是典型例子。

此外，由于北东向张扭断层及其派生的北北西向正断层的影响，志留系碎屑岩地层裂缝发育，有利于形成裂缝性储层。但裂缝的存在使圈闭的封闭性变差，造成油气遭受氧化，油质变差，甚至变成沥青砂岩，或者造成油气的再分配和调整。如塔中31井志留系上3亚段见良好油气显示，共获油浸-荧光级含油岩芯9.24 m，测试获日产稠油1.632 m^3；塔中33井志留系上3亚段见微弱气测显示，获荧光沥青砂岩3.13 m。

6.3.3 张扭和压扭断层

研究表明，作为油源断层，不仅沟通塔中北坡深部寒武–奥陶系油源，而且还在不同地质时期沟通不同的生油凹陷。二叠–三叠纪，北西向与北北西向断层沟通西部坳陷区油源。白垩纪以来，北西向与北北西向断层沟通西部坳陷区油源，北东向张扭断层沟通满加尔坳陷油源。

(1) 二叠–三叠纪

众所周知，油气运移的通道与断层、砂体和不整合面关系密切，而油气运移的方向和路径则与断层活动及其形成的构造–古地理格局的关系很密切。

构造–古地理格局分析表明，在二叠纪，塔中北坡及邻区处于东部发育斜坡、西部发育坳陷的"东高西低"状态，特别是其北东侧的满加尔凹陷其实处于斜坡的环境。受此影响，二叠纪时期，塔中北坡的油气只能来自于西侧深凹，包括阿瓦提地区。显然，此时塔中北坡早先发育的北西向与北北西向断层就成为了油气运移的重要通道。

三叠纪，塔中北坡的构造–古地理格局发生了明显的调整。主要表现在北东侧相对抬升，西南侧相对沉降。结果，自北东向南西依次发育北东斜坡和西南坳陷。显然，三叠纪时塔中北坡的油气也只能来自于西侧深凹，包括阿瓦提地区，早先发育的北西向与北北西向断层则成为油气运移的重要通道。

(2) 白垩纪以来

构造–古地理格局分析表明，白垩纪时期，塔中北坡及邻区的构造–古地理格局发生了反转，由先前的"北东斜坡、西南坳陷"，变成了"北东坳陷、西南斜坡"。显然，此时塔中北坡成为西北侧阿瓦提凹陷和北东侧满加尔凹陷两大油源区油气运移的指向。因此，不仅北西向和北北西向断层是油气运移的干道，而且北东向断层也是油气运移的重要干道。

进入新生代，塔中北坡及其北侧的构造–古地理格局改变不大，其北西侧为阿瓦提凹陷，北东侧为满加尔凹陷。因此，新生代时期塔中北坡仍然是阿瓦提凹陷和满加尔凹陷两大油源区油气运移的指向。显然，此时不仅北西向和北北西向断层是油气运移的干道，而且北东向断层也是油气运移的重要干道。

6.3.4 断层网络和隆凹格局

研究表明，塔中北坡多组断层所形成的断层网络和隆凹格局控制志留系及以上构造层的油气，既可以来源于西北侧的阿瓦提凹陷，又可以来源于东北侧满加尔凹陷。而寒武-奥陶系构造层的油气，除了顺西地区外，只能来源于东北侧满加尔凹陷。

(1) 志留系及以上构造层

志留系及以上构造层在塔中北坡"东高西低、南高北低"，因此控制油气自西向东从西北侧的阿瓦提凹陷，自北向南从满加尔凹陷向塔中北坡运移和聚集，并一直运移至塔中北坡的最高点——塔中北坡的东南端。

进一步的研究表明，向塔中北坡志留系构造层运移的油气，主要来自阿瓦提凹陷和满加尔凹陷两个方向。其中，从阿瓦提凹陷方向运移来的油气，一部分沿着北坡西端的北西向与北北西向断层运移和聚集，另一部分沿着塔中I、II号断层向塔中隆起运移和聚集。而从满加尔凹陷运移来的油气，则主要沿着前述多个北东向断层带向塔中北坡和塔中隆起运移和聚集。

(2) 寒武–奥陶系构造层

研究表明，寒武–奥陶系构造层在顺西地区为背斜，在顺脱果勒及顺南地区为向斜，因此，从西北侧阿瓦提凹陷方向运移来的油气，只能聚集于顺西地区或向上运移，而无法越过顺西背斜到达顺南地区。从满加尔凹陷运移过来的油气，主要沿着前述多个北东向断层带向塔中北坡和塔中隆起运移和聚集，因此，除了顺西地区外，塔中北坡的油气只能来源于东北侧满加尔凹陷。

研究表明，向塔中北坡寒武–奥陶系构造层运移的油气，主要来自满加尔凹陷。从阿瓦提凹陷方向运移来的油气，只能聚集于塔中北坡最西端的顺西地区，或沿着塔中I、II号断层向塔中隆起运移和聚集，而无法运移至北坡中、西段的顺南、古城地区。

6.3.5 东段印支期与海西早期断裂的活动

如前所述，海西晚期塔中北坡西段发育北北西向伸展、反转和压扭断层，这些断层的活动时间与塔中北坡地区油气运移的第一个主要时期——海西晚期一致，因此是油气运移的重要通道，对塔中北坡西段的油气运移和聚集具有重要促进作用。

然而，地震剖面分析表明，塔中北坡尤其是其东段发育"通天断层"。剖面上，这些断层产状很陡，发育分支断层，具有"Y"字型断层或花状构造的特征，扭动活动特征明显，且向上通常断达三叠系顶面甚至新生界，表明断层主要活动于印支期和喜山期。

上述断层的活动无疑会对北坡东段顺南–古隆一带海西晚期形成的油气藏发生调整，致使油气发生再分配。该作用对喜山期油气的运移、聚集和成藏无疑具有促进作用。

此外，喜山期塔中地区进一步受到挤压，早期断层再活动也会引起油气藏破坏。特别是该区在南北向剖面可以看到上拱背斜的形态，在背斜的核部上方容易发育正断层，从而使已经形成的油气藏破坏。同时，地表水和地下水容易顺断层下渗，从而造成油气氧化和沥青砂的形成。塔中地区钻探发现的沥青砂、稠油油斑细砂岩、油气显示(如中 13 井)等就是古油藏被破坏的结果。

6.4　与塔中南坡对比分析

塔中南、北坡由于断层活动的差异，控制发育的储层和圈闭有共同点，但差异更大。共同点主要表现在：①靠近塔中隆起部位发育加里东中期I、II幕北西向逆断层及风化壳岩型溶储层；②发育北东东向逆断层及溶缝性岩溶储层；③发育印支、喜山期扭断裂，对油气藏调整和油气的再分配具有重要影响。不同点是：①塔中北坡发育加里东晚期–海西早期的北东向张扭断层及海西晚期的北北西向反转–压扭断层，而塔中南坡主要发育北东东向加里东中期III幕的逆断层；②塔中北坡的寒武–奥陶系储层和圈闭主要受北东向张扭断层的控制，为溶缝性岩溶储层和圈闭，而塔中南坡的寒武–奥陶系储层和圈闭主要受北东东向逆冲断层的控制，为高幅度的背斜和断背斜圈闭；③受北东向与北北西向断裂的控制，塔中北坡志留系裂缝性储层、低幅度断层–岩性圈闭发育，而塔中南坡由于不发育此两期断层，主要发育志留系岩性圈闭；④由于塔中南坡在海西早期北东向压扭断层活动强烈，地层抬升幅度高，在东段发育海西早期奥陶系风化壳型岩溶储层和圈闭(塔中 3 井断裂带)；⑤塔中北坡发育北东向和北西向油源断层，塔中南坡发育北东东向油源断层，缺少北东向油源断层。

6.4.1 断层控储控藏的共同点

(1) 发育加里东中期III幕逆断层及风化壳岩型溶储层

前已述及,塔中北坡南缘发育加里东中期I、II幕运动形成的风化壳岩型溶储层。其中,加里东中期I幕岩溶储层比较普遍,分布较广。特别是在西段顺西地区由于抬升相对较高,还普遍发育加里东中期II幕岩溶储层。

在塔中南坡,除了发育北西向的塔中II号断裂带外,还发育中 2 井断裂带。这些断层在中奥陶世末(加里东中期I幕运动)和晚奥陶世良里塔格组沉积末(加里东中期II幕运动)都发生过明显的向南西逆冲运动,造成塔中隆起及南坡北缘抬升,造成塔中隆起及南坡北部地区发育奥陶系风化壳岩型溶储层。中 2 井就是典型的例子。

(2) 发育北东东向逆断层及溶缝性岩溶储层

前已述及,塔中北坡东段发育加里东中期III幕运动形成的北东东向逆断层及溶缝性岩溶储层。这些断层及岩溶储层在东段的古隆地区最为发育。

在塔中南坡西段,发育有大量北东东向逆断层,该北东东向逆断层带与玛北和玉北断裂带走向相同,形成时间一致,属于同一时期、同一应力场的产物。断层活动的结果是在塔中南坡西段发育北东东向的奥陶系溶缝性岩溶储层带。如塘参 1 井一间房组裂缝较发育,储层类型为裂缝–溶蚀孔洞型。

6.4.2 断层控储控藏的不同点

(1) 塔中北坡发育加里东晚期–海西早期的北东向张扭断层及海西晚期的北北西向反转–压扭断层,而塔中南坡主要发育北东东向加里东中期III幕的逆断层

如前所述,塔中北坡自西向东主要发育 12 个北东向正断层、负反转断层和张扭断层,形成于早志留世–石炭纪时期(加里东晚期–海西早期);此外,还发育多个北北西向伸展、反转和压扭断层带,主要形成于早二叠世、早二叠世末–晚二叠世时期,分布于北坡西段顺西和顺托地区。

研究表明,相比之下,在塔中南坡,上述加里东晚期–海西早期、早二叠世、早二叠世末–晚二叠世时期形成的北东向与北北西向断层不发育,

但加里东中期Ⅲ幕构造运动形成的北东东向逆断层非常发育。

(2) 塔中北坡的寒武–奥陶系储层和圈闭主要受北东向张扭断层的控制，为溶缝性岩溶储层和圈闭，而塔中南坡的寒武–奥陶系储层和圈闭主要受北东东向逆冲断层的控制，为高幅度的背斜和断背斜圈闭

前已述及，早志留世，塔中北坡发育北东向正断层与负反转断层，这些断层向下大多断达下奥陶统，因此，有利于奥陶系溶缝性岩溶储层和圈闭的发育。同时，晚泥盆世–石炭纪，塔中北坡发育北东向张扭断层，这些断层向下断穿基底，且断层形成后受到二叠纪的岩浆热液作用，因此不仅控制北坡寒武–奥陶系溶缝性岩溶储层和圈闭的发育，而且还控制奥陶系硅质岩储层与热液储层的发育。

相比之下，塔中南坡不发育加里东晚期–海西早期形成的北东向断层，因此也无上述多种奥陶系储层和圈闭的发育机制。

(3) 受北东向与北北西向断裂的控制，塔中北坡志留系裂缝性储层、低幅度断层–岩性圈闭发育，而塔中南坡由于不发育此两期断层，主要发育志留系岩性圈闭

此外，由于加里东晚期–海西早期形成的北东向正断层、负反转断层与张扭断层在塔中北坡分布广，且断距小，具有频繁分段特征，断层数量多，因此形成的志留系低幅度断层、断层岩性和断层–地层圈闭也多。同时，在北坡西段发育北北西向反转–压扭断层，这些断层尽管分布局限、断距小，但数量也较多，因此形成的志留系低幅度断层、断层岩性和断层–地层圈闭也较多。

相比之下，在塔中南坡志留纪后断层活动较弱，不发育上述北东和北北西向断层，因此志留系构造圈闭不发育，主要发育岩性圈闭。

(4) 塔中南坡在海西早期北东向压扭断层活动强烈，地层抬升幅度高，在东段发育海西早期奥陶系风化壳型岩溶储层和圈闭(塔中 3 井断裂带)

图 6-11 为塔中南坡 TZq01-340ew 二维地震测线剖面。由图可知，塔中南坡自西向东发育塔中 8-1 井断裂带、中 3 井断裂带和塔中 3 井断裂带。这些断裂带剖面上都具有正花状构造的特征，表明压扭活动明显。同时，在花状构造的核部，地层抬升，剥蚀强烈，特别是塔中 3 井断裂带，抬升剥蚀最为强烈，中奥陶统也遭受了风化剥蚀，因此发育海西早期的风化壳型岩溶储层。

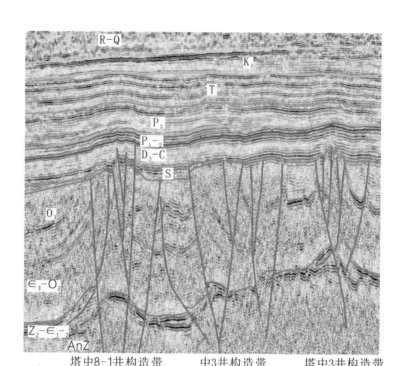

图 **6-11**　塔中南坡 Tzq01-340ew 测线地震剖面(东段，剖面方向：左西右东)

相比之下，上述大规模压扭断层在塔中北坡不发育，因此区域内也不存在海西早期的风化壳型岩溶储层发育机制。

(5) 塔中北坡发育北东向和北西向油源断层，塔中南坡发育北东东向油源断层，缺少北东向油源断层

研究表明，在塔中北坡发育有许多中奥陶世末–晚奥陶世末形成的北西向逆断层和压扭断层，由于这些断层活动时期早，在两大主成藏期——海西晚期和喜山期，它们是沟通西侧深凹油源的重要油源断层。

同时，在塔中北坡发育有许多早志留世–石炭纪形成的北东向正断层、负反转断层和张扭断层，且这些断层活动时期也很早，因此是沟通北侧满加尔深凹油源的重要油源断层。

相比之下，在塔中南坡，上述北东向正断层、负反转断层和张扭断层不太发育，因此缺少该方向的油源断层。

参考文献

邓尚, 李慧莉, 韩俊, 崔德育, 邹榕, 2019. 塔里木盆地顺北 5 号走滑断裂中段活动特征及其地质意义. 石油与天然气地质, 40(5):990-998,1073.

郭令智, 施央申, 卢华复, 等, 1992. 印藏碰撞的两种远距离效应//李清波, 戴金星, 刘如琦, 李继亮. 现代地质学研究文集(上). 南京:南京大学出版社, pp.1-7.

韩晓影, 汤良杰, 曹自成, 魏华动, 付晨阳, 2018. 塔中北坡复合花状构造发育特征及成因机制. 地球科学, 43(2):525-537.

何发岐, 何海泉, 1995. 塔里木盆地构造样式与构造圈闭类型特征分析. 新疆地质, 13(1):45-55.

何治亮, 2010. 中国石化西部探区油气地质新认识与勘探新领域. 中国石化石油勘探开发研究院, 汇报 ppt.

何治亮, 顾忆, 高山林, 2005. 中国西部多旋回演化与油气聚集. 石油实验地质, 27(5):433-438.

何治亮, 罗传荣, 龚铭, 肖玉茹, 徐宏节, 龙胜祥, 吴亚军, 曾涛, 周凌方, 段铁军, 肖朝晖, 周江羽, 2001. 塔里木多旋回盆地与复式油气系统. 北京:中国地质大学出版社, pp.8-18.

胡少华, 2007. 塔里木盆地早古生代克拉通盆地早志留世沉积层序及油气系统. 中国地质大学(北京), 博士学位论文.

黄太柱, 2014. 塔里木盆地塔中北坡构造解析与油气勘探方向. 石油实验地质, 36(4):257-267.

李慧莉, 刘士林, 杨圣彬, 张继标, 高晓鹏, 2014. 塔中-巴麦地区构造沉积演化及其对奥陶系储层的控制. 石油与天然气地质, 35(6):883-892.

李慧莉, 张仲培, 马庆佑, 等, 2018. 塔里木盆地古生代构造格局演变与断裂体系形成机制. 中国石化石油勘探开发研究院, 汇报 ppt.

李萌, 汤良杰, 李宗杰, 甄素静, 杨素举, 田亚杰, 2016. 走滑断裂特征对油气勘探方向的选择——以塔中北坡顺 1 井区为例. 石油实验地质, 38(1):113-121.

李向东, 肖文交, 周宗良, 2004. 南天山南缘晚泥盆世构造事件的 $^{40}Ar/^{39}Ar$ 定年证据及其意义. 岩石学报, 20(3):691-696.

汤良杰, 1994. 塔里木盆地构造演化与构造样式. 地球科学, 中国地质大学学报, 19(6):742-754.

唐照星, 2014. 塔里木盆地塔中北坡走滑断裂特征及与油气成藏关系研究. 中国地质大学(北京), 硕士学位论文, pp.17-37.

王燮培, 谢德宜, 1989. 中国含油气盆地中花状构造的发现及其石油地质意义. 地质科技情报, 8(2):59-66.

西北油田分公司勘探开发研究院, 2015. 新疆塔里木盆地顺托果勒南区块顺南 2 井三维地震勘探成果报告.

西北油田分公司勘探开发研究院, 2017. 顺南 1、2 区碳酸盐岩油气勘探项目 2017 年度综合研究年报.

西北油田分公司勘探开发研究院塔中勘探研究所, 2013. 古城三维地震工区井位建议 ppt.

西北油田分公司勘探开发研究院顺北项目部, 2019. 顺南蓬 1 井下步方案建议 ppt.

云露, 曹自成. 塔里木盆地顺南地区奥陶系油气富集与勘探潜力. 石油与天然气地质, 2014, 35(6):788-797.

张光亚, 宋建国. 塔里木克拉通盆地改造对油气聚集和保存的控制. 地质论评, 1998, 44(5):511-521.

张洪安, 李曰俊, 吴根耀, 等, 2009, 塔里木盆地二叠纪火成岩的同位素年代学. 地质科学, 44(1): 137-158.

张师本, 倪寓南, 龚福华, 卢辉楠, 黄志斌, 林焕令, 李猛, 阮亦萍, 杜品德, 周志毅, 谭泽金, 赵治信, 高琴琴, 王智, 张岩青, 胡轩, 赵恩宏, 杨芝林, 2003. 塔里木盆地周缘地层考察指南. 北京:石油工业出版社, pp.9-123.

张巍, 关平, 简星, 2014. 塔里木盆地二叠纪火山-岩浆活动对古生界生储条件的影响——以塔中 47 井区为例. 沉积学报, 32(1):148-158.

甄素静, 2016. 塔里木盆地塔中北坡走滑断裂样式特征及其形成机理. 中国石油大学, 硕士学位论文, pp.18-34.

中石化西北油田分公司研究院, 2013. 塔中北坡井资料, 汇报 ppt.

Beidinger A, Decker K, 2011. 3D geometry and kinematics of the Lassee flower structure: Implications for segmentation and seismotectonics of the Vienna Basin strike–slip fault, Austria. Tectonophysics, 499:22-40.

Chen CM, Lu HF, Jia D, Cai DS, Wu, SM, 1999. Closing history of the southern Tianshan oceanic basin, western China an oblique collisional orogen. Tectonophysics, 302:23-40.

Hendrix MS, Dumitru TA, Graham SA, 1994. Late Oligocene–early Miocene unroofing in the Chinese Tianshan: An early effect of the India–Asia collision. Geology, 22:487-490.

Mattern F, Schneider W, 2000. Suturing of the Proto- and Paleo-Tethys oceans in the western Kunlun (Xinjiang, China). J. of Asian Earth Sciences, 18:637-650.

Molnar P, Tapponnier P, 1975. Cenozoic structures of Asia: Effects of continental collision. Science, 189:419-426.

Sobel ER, Dumitru TA, 1997. Thrusting and exhumation around the margins of the western Tarim basin during the India–Asia collision. J. Geophys. Res., 102:5043-5063.

Torsvik TH, Cocks LRM, 2013. GR focus review Gondwana from top to base in space and time. Gondwana Research, 24:999-1030

Wang ZH, 2004. Tectonic evolution of the western Kunlun orogenic belt, western China. J. of Asian Earth Sciences, 24(2):153-161.

Windley BF, Allen MB, Zhang C, Zhao ZY, Wang GR, 1990. Paleozoic accretion and cenozoic redeformation of the Chinese Tien-Shan-Range, Central-Asia. Geology, 18:128-131.

Yin A, Nie S, Craig P, Harrison TM, Ryerson, FJ, Qian, XL, Yang, G, 1998. Late Cenozoic tectonic evolution of the southern Chinese Tian Shan. Structures, 17:1-27.